山西省社会科学院基础研究丛书　丛书主编　李中元

制度与伦理张力中的生态文明观念

杨珺　著

山西出版传媒集团

山西人民出版社

图书在版编目（CIP）数据

制度与伦理张力中的生态文明观念 / 杨珺著 . —太原：
山西人民出版社，2018.1
ISBN 978-7-203-10244-1

Ⅰ . ①制… Ⅱ . ①杨… Ⅲ . ①生态环境建设 – 研究 – 中国
Ⅳ . ① X321.2

中国版本图书馆 CIP 数据核字（2017）第 329736 号

制度与伦理张力中的生态文明观念

著　　者：杨　珺
责任编辑：张书剑　周小龙
复　　审：武　静
终　　审：员荣亮
装帧设计：谢　成　郝彦红

出 版 者：山西出版传媒集团·山西人民出版社
地　　址：太原市建设南路 21 号
邮　　编：030012
发行营销：0351 – 4922220　4955996　4956039　4922127（传真）
天猫官网：http://sxrmcbs.tmall.com　电话：0351 – 4922159
E — mail：sxskcb@163.com　发行部
　　　　　 sxskcb@126.com　总编室
网　　址：www.sxskcb.com

经 销 者：山西出版传媒集团·山西人民出版社
承 印 者：山西出版传媒集团·山西新华印业有限公司

开　　本：720mm×1010mm　　1/16
印　　张：13.5
字　　数：170 千字
印　　数：1—2000 册
版　　次：2018 年 1 月　第 1 版
印　　次：2018 年 1 月　第 1 次印刷
书　　号：ISBN 978-7-203-10244-1
定　　价：39.00 元

如有印装质量问题请与本社联系调换

写在前面的话

　　《山西省社会科学院基础研究丛书》是山西省社会科学院深入贯彻落实习近平总书记系列重要讲话特别是在哲学社会科学工作座谈会上的讲话精神，着力构建中国特色哲学社会科学学科体系、学术体系、话语体系的具体实践，是充分发挥智库功能，服务决策、服务社会、服务人民，同时强化基础研究、提高基本能力的集中体现。这套丛书从2015 年底开始着手策划、设计，到 2017 年 5 月全部交稿，历时一年多。全院各所、中心结合自身学科方向和研究实际，分别从全面建成小康社会、马克思主义中国化在山西的理论和实践、煤炭产业政策、山西百年史学、地方立法理论和山西实践、晋商学、汉语语汇的变异与规范、哲学视野下的教育理论等集中开展研究，最终形成了展现在各位读者面前的多部著作。

　　基础研究是构建中国特色哲学社会科学的重要内容，是哲学社会科学工作者的基本功，也是一切应用研究的基础。没有良好的基础研究功力和水平，应用研究只能是水月镜花、空中楼阁。2010 年以来特别是 2014 年 9 月以来，山西省社会科学院作为山西省委、省政府思想库、智囊团，按照山西省委、省政府安排部署，紧紧围绕中心工作，为构建良好政治生态、不断塑造美好形象、逐步实现振兴崛起提出了许多决策建议，多次得到山西省委、省政府主要领导的批示，有的还被相关部门采用。在服务决策过程中我们发现，打造一支对党忠诚、学养深厚、反应快捷、建言有效的社会科学研究队伍，离开基础研究、没有良好的基本功底是无法达到目的的。为此，院里安排专门经费，要求全院各所、中心按照各自学科方向形成基础研究课题，出版《山西省社会科学院基础研究丛书》。

《丛书》的策划、写作、出版始终得到省委宣传部的大力支持，得到山西出版传媒集团特别是山西人民出版社的大力支持，在此一并致谢。我们相信，《丛书》将会为山西省哲学社会科学学术殿堂添砖加瓦，也将为中国特色哲学社会科学学科体系建设贡献一点力量。

不负历史使命　加快智库建设

——《山西省社会科学院基础研究丛书》代序

山西省社会科学院党组书记、院长　李中元

2016 年 5 月 17 日，习近平总书记在哲学社会科学座谈会上发表的重要讲话，站在人类文明进步的高度、党和国家事业发展全局的高度、中华民族伟大复兴的高度，深刻阐述了什么是中国特色哲学社会科学、怎样发展中国特色哲学社会科学、广大哲学社会科学工作者"为了谁、依靠谁、我是谁"的问题，明确提出中国特色哲学社会科学体系的历史使命、指导思想、根本要求和主要任务，深刻阐明事关哲学社会科学性质、方向和前途的一系列重大问题，是推动当代中国哲学社会科学繁荣发展的纲领性文件，是做好哲学社会科学工作的根本遵循和行动指南。

总书记重要讲话发表一年来，我们反复认真学习，深刻领会其思想精髓、精神内涵和重大意义，深刻感受到作为哲学社会科学工作者的光荣使命和时代担当，更加激发了推动哲学社会科学繁荣发展、加快现代新型智库建设的决心和信心。

一、加快智库建设是贯彻落实习总书记讲话精神、发挥地方社科院职能的有力抓手

习近平总书记在哲学社会科学工作座谈会上指出，要"建设一批国家急需、特色鲜明、制度创新、引领发展的高端智库，重点围绕国家重大战略需求开展前瞻性、针对性、储备性政策研究"。当代世界，依靠技术、资本推动发展正在逐步为依靠智慧推动发展所取代，智库已成为社会发展的一支重要力量。中共中央办公厅、国务院办公厅2015年1月下发《关于加强中国特色新型智库建设的意见》，明确了中国特色新型智库的发展目标、发展方向和发展要求，是指导现代新型智库建设的根本指南。

作为我省最大的哲学社会科学研究机构，我院多年来始终坚持高举旗帜、围绕中心、服务大局，积极发挥省委、省政府思想库、智囊团职能，在服务政府、服务社会、服务人民上搞研究，为推动全省经济社会发展、传承人类文明成果作贡献。2016年以来，我们注重全院智库功能建设，加快实施哲学社会科学创新工程和智库建设步伐，取得明显成效。

从2015年开始，我们牵头发起倡议，组建山西省智库发展协会（三晋智库联盟）。经过一年多的筹备，2017年1月7日，山西省智库发展协会（三晋智库联盟）成立。作为全国首家省级智库团体，协会成立以来，已与中国与全球化治理（CCG）、国研智库、北京大学、清华大学等十多家国内著名智库建立了战略合作关系，聘请了王伟光、谢克昌、郑永年、梁鹤年等国内外知名学者为智库高级学术顾问，整合山西省内智库资源开展了国企国资改革调研，与山西综改示范区达成了"智本+"孵化器入区协议等。

二、加快智库建设是贯彻落实习总书记讲话精神、创新社科研究体制机制的有效平台

习近平总书记强调指出：要统筹国家层面研究和地方层面研究，优化科研布局，合理配置资源，处理好投入和效益、数量和质量、规模和结构

的关系，增强哲学社会科学发展能力。加快智库建设，重在学科创新和体制机制创新。2017年以来，我们结合"两学一做"学习教育制度化、常态化和"两提一创"大讨论活动要求，研究制定了《山西省社会科学院哲学社会科学创新工程行动方案（2017）》，努力破解制约科研生产力提高和智库功能发挥的体制机制障碍，着力推进学术理论创新、学科体系创新、科研体制机制创新，激发科研活力，促进社科研究水平和服务决策能力全面提升，努力把我院建成省级一流、国内知名的思想库、智囊团和特色新型智库。我们将不断加大学科建设和人才建设力度，按照体现继承性、民族性，原创性、时代性，系统性、专业性的目标要求，构建与新型智库需求相适应的学科、人才支撑体系。以问题和需求为导向，进一步优化学科资源，调整学科布局，发展优特学科，加大新兴、交叉学科的扶持和培育力度，逐步形成目标明确、重点突出、特色鲜明的学科体系。大力推进创新工程，确定一批重点学科和学术带头人，打造一支对党忠诚、学养深厚、反应快捷、建言有效的人才队伍。不断加大体制机制改革力度，搭建省情调研平台、跨界科研平台、开放合作平台等多种平台，通过改革创新形成多平台运转模式，发挥多边效应，推动智库发展。

三、加快智库建设是贯彻落实习总书记讲话精神、推动哲学社会科学繁荣发展的根本方向

习近平总书记深刻指出：坚持以马克思主义为指导，是当代中国哲学社会科学区别于其他哲学社会科学的根本标志，必须旗帜鲜明加以坚持。我院既是我省重要的学术殿堂，也是研究传播马克思主义的重要阵地。我们始终坚持守土有责、守土负责、守土尽责，牢牢掌握马克思主义在社科研究领域的领导权，把坚持以马克思主义为指导贯穿社科研究全过程。面对新形势、新征程，我们一定要把深入学习贯彻落实习近平总书记重要讲话精神作为一项长远的重大任务，真学真懂、真信真用、真抓真做，把讲话精神转化为加快智库建设、更好为地方党委政府决策服务的自觉行动，紧密围绕省委、省政府重大战略决策需求，围绕全省经济社会发展的热点、难点问题和人民群众普遍关心的重大理论和实际问题，开展具有前瞻性、针对性、储备性政策研究，不断推出水平较高、质量较好的优秀成果，不断提升服务决策、服务社会、服务人民的能力，以充沛的热情、严谨的精神、科学的态度、求实的学风为全省经济社会发展提供智力支持和决策服务，为我省哲学社会科学事业繁荣发展贡献力量。

前　言

在环境与发展的关系由对立走向融合的今天，汲取以往一切文明积极成果基础上的超越性的生态文明成为人类必然的未来走向，中国在近些年就探索并践行着这样的发展道路。中国共产党的十八大报告中明确提出要"努力走向社会主义生态文明新时代"，十八届五中全会首次提出"创新、协调、绿色、开放、共享"五大发展理念，既强调了未来发展的伦理旨趣，又为确立生态观念提供了价值论基础，党的十九大报告更是指出"建设生态文明是中华民族永续发展的千年大计"，从理论到实践，从举措到战略，从国内到全球，体现了整体主义视域下的大生态观。本书正是试图在发掘影响生态观念产生与变革的生态伦理的基础之上，开展面向生态文明制度建构实践的整体性的生态观念研究。在制度与伦理的适度张力中确立适应生态文明时代的生态观念，既有助于解决生态方面的观念问题，更有益于通过政治、经济、社会、文化、生活等各个不同系统对于生态系统的影响，全方位地理解、变革和塑造生态文明新时代的生态观念体系，从而为生态文明制度的建成提供坚实的精神基础。

本书以制度与伦理张力中的生态观念为研究对象，并将时代背景限定于当今中国正在进行和未来很长一个时期都将处于的生态文明建设时期。遵循伦理学基础——观念体系——制度实践的研究路径，由学理到实践，由普遍到特殊，由宏观到微观展开研究。从观念研究入手，落实到生态文明建设的两个主要方面：观念变革与制度保障。以生态观念为研究对象，通过厘清其在生态文明时代背景下的伦理学根基，提出生态文明制度建设需要的思想观念支持体系，并找到相应的各个层面制度建设的实践路径，为当今中国建设生态文明社会的国家战略和长远规划提供智力支持。首先，明确生态观念研究的重要性和紧迫性。对于三十余年来中国发展过程中生态观念的历史演进梳理是必要的，并且从中发现，由于制度与伦理张力的缺失或失度引起的生态观念中存在的问题。其次，厘清研究对象或概念之间的关系，包括观念与伦理，制度与伦理，观念与制度等的关系。从唯物史观的生态伦理关切，中国传统文化中的生态伦理内涵与古今中外积极的生态伦理借鉴中探寻生态文明观念的政治、经济、社会及美德伦理基础。在生态文明制度以人为本、正义与可持续性等伦理原则的引导下，把握生态文明政治、经济、社会、文化制度的伦理规制。最后，从建构基础、价值共识与实践方向三个层面提出生态文明政治观念、经济观念、文化观念与生活观念应该的样态。本书的研究重点是后四章，从政治、经济、文化、生活等生态文明社会的不同方面，厘清制度与伦理张力中生态观念的建构思路以及提出适应生态文明时代的生态观念。但是前两章的基础性工作不可或缺。本书在选题上力求克服空泛，既呼应时代所需又有自己的研究视角；研究思路上以伦理学基础作为根基，通过形成适应新时代的观念体系，为制度构建找到合法性依据与思维路径；提出了一些具体的生态化发展观点，比如提出"善治""共治""垂范""绿色"的政治观念，"人本""可持续""共享""理性"

的经济发展价值共识，提出文化观念应当建构在价值观共享的"脱域共同体"之上，提出在重构个体美德中形成生态文明生活观念等。

整体研究工作既需要一定的哲学伦理学素养，又要求对现实中国的生态文明近远景规划有自己独到的见解，更要有前瞻的视野和破旧立新的思维与勇气。正因为有这样的挑战性，研究过程才充满乐趣。建构生态文明时代的生态观念体系是本书研究的主要目标，但不是唯一目标，建构新观念体系引领的制度体系同样重要。伦理与制度之间互相检视，不断修正，恰当的张力中生态观念体系趋于完善，才能为生态文明时代的中国提供良好的生态思想基础。

笔者探究了生态文明制度的伦理学基础，指出了当前制度与伦理的张力所在；提出了确立生态观念要把握好制度与伦理的张力；提供了通过确立生态观念构建生态文明制度的思维路径。同时，丰富了观念研究的内涵，充实了国内生态伦理学研究的内容，提供了研究生态观念的系统化视角，丰富了制度研究的伦理内涵。但是由于时间和能力所限，研究还远未达成所愿，至少存在以下一些问题：一是对三十余年来生态观念中存在的问题把握未必到位，这与资料收集的广度与深度不足有关，另外从现象找本质的能力也有待提高；二是对生态文明观念的伦理资源提炼不够，古今中外的相关资源浩如烟海，不能完美诠释，只能选择相对易得的用之，难免失之完善，有所褊狭；三是对社会各个层面生态观念的建构仍显空泛，使得理论到实践的研究至多到了实践理性的层面，一方面与哲学学科本身特点有关，更是因为没有充分的案例研究做为提炼观念的基础。如何让研究在保持哲学高度的同时从更加扎实的实践出发，对于生态案例的伦理学分析或许是可行的路径，这将是后续研究需要关注的问题。

目　录

CONTENTS

导　论

一、问题的缘起

（一）走向生态文明的新时代

生态文明就是"人和自然界之间、人和人之间的矛盾的真正解决，是存在和本质、对象化和自我确证、自由和必然、个体和类之间的斗争的真正解决"①的文明。1987 年，中国著名生态学家叶谦吉先生在学术界首次明确使用生态文明概念，认为生态文明是人与自然保持和谐关系的社会发展阶段，人类利用自然也归还给自然，既改造自然也保护自然。这是中国学者首次从生态学及生态哲学的视角阐述生态文明。中国著名政治学者俞可平认为生态文明是体现人与自然之间相互作用关系的社会进步状态，是人类为了实现社会和谐所付出的全部努力和取得的全部物质与精神成果。这是从人与自然关系的实践性角度定义生态文明的，即人们应当如何做和在做的过程中所要达到的效果。还有从理论与实践相结合的角度对生态文明本质的认识，包括以人为本，人民民主、社会公正和共同富裕等。总体看来，生态文明是一种

①《马克思恩格斯文集》第 1 卷[M]，北京：人民出版社，2009 年版，第 185 页。

合伦理性的社会形态，是人类遵循人与自然、人与社会、社会与自然和谐发展的客观规律而取得的物质与精神成果的总和。

1. 生态文明制度

生态文明制度是指在全社会制定或形成的一切有利于支持、推动和保障生态文明建设的各种引导性、规范性和约束性规定和准则的总和，其表现形式有正式制度（原则、法律、规章、条例等）和非正式制度（伦理、道德、习俗、惯例等）。广义的生态文明制度有"硬"和"软"两个方面，硬的方面是人们通常认为可书写的、有迹可寻的硬性规定，软的方面是那些长期形成的已经固化在人们心中并且内化为人的价值观念的伦理规范，由于后者往往起到更坚定、更持久地约束人们行为的作用，广义的生态文明制度更需要强化生态伦理道德方面的制度建设。总之，生态文明制度作为一种新的社会文明形态，并不简单地包括防治污染、修复生态等物化形态，其实，单纯的环境质量的改善并不能表征生态文明水平的提高。生态文明制度的重心在"文明"上，而文明要通过人们思想进步、观念变革及行为改进来体现。具体说来，如果只是通过经济投入改善了自然生态，人们的生态环境意识、生态伦理实践和环境法律法规标准还在原地踏步的话，生态文明制度的文明程度并不能说得到改善。因此，制度是否系统和完整，是否具有先进性，关键要看是否强化了生态文明制度的"软"的方面。良好的生态环境是生态文明制度的硬实力，完善的伦理体系体现着生态文明制度的软实力。

从分析当前中国的环境状况与发展阶段入手，提出中国生态文明制度概念、内涵及影响因素，指出制度建设过程中"软硬都要抓"必要且迫切。中国共产党十八大报告中指出，"加强生态文明制度建设。

保护生态环境必须依靠制度。要把资源消耗、环境损害、生态效益纳入经济社会发展评价体系，建立体现生态文明要求的目标体系、考核办法、奖惩机制"。生态文明制度建设需要对当下制度进行改革、改变以期完善，形成包涵生态文明伦理内涵在内的新的制度体系。集权、垄断、全盘计划与人类中心论都是生态文明制度应当摒弃的，而这四种错误的价值取向与相应实践互相关联，相生相长。全盘计划需要高度集权，执政者对于各个领域的生产、再生产、分配等拥有绝对管理权，才能发布全面的指导全局的发展计划。权力的过分集中必然导致没有竞争、缺乏监督，经济领域或行业内部的垄断极易发生，垄断使资本像脱缰的野马，逐利的本性无法遏制，一切不利于当下经济增长和资本增值的考量都会被排除在外，由于保护自然生态在较短的时间段内总是与增加利润相矛盾，因此控制自然的工具理性就助长了人类中心论的繁荣。高度民主、有序竞争、人与自然和谐共生才是生态文明制度的内涵特征。

（二）生态文明的制度与伦理

狭义的生态文明制度只是指硬的、物化的机制体制方面，为了使硬的方面更好地与人的思想行为结合起来，寻找狭义制度的伦理基础就显得十分必要。从广义上说，伦理包涵在制度体系中，属于软制度。但是通常意义上理解的制度与伦理是各自独立的范畴，而且伦理基础是制度得以形成、完善和表现的根基。制度伦理是当代中国语境下政治哲学的核心问题之一，但是研究制度伦理并不能取代对于制度与伦理及其关系的研究，要厘清制度与伦理的关系就必须摒弃"制度应当伦理化"或"伦理应当制度化"的简单思维，而是要对制度进行伦理分析，以揭示一种制度的伦理属性、伦理内涵、伦理功能等，并且形成对于"善的制度"、"善的制度的应然态"、"善的制度何以可能"、"善的制度的伦理价值"等问题的社会共识。生态文明时代，制度与伦理同样是社会发展的一体两翼，前者是后者得以表现的社会形态，后者是前者存在合法性的重要保障，即合伦理性是生态文明制度形成和完善的合法性前提。当前生态文明制度并未建成，对于其伦理特质也没有确切的把握，这不利于从理论上论证生态文明制度追求至善的伦理旨趣，也不利于在实践中建设合伦理性的生态文明制度。因此，厘清生态文明制度与生态文明伦理的关系，发掘和建构生态文明制度的伦理基础对于建设生态文明制度，并最终实现生态文明有根本推动作用。

生态伦理与生态文明伦理的关系。生态伦理是关于人与自然关系的道德规范体系，是与人际伦理相对应的哲学范畴。将人放置于整个地球乃至宇宙的大生态系统中，人的身份只是整个生态系统中一个物种而已，并不会因为其唯一的思维能动性而具有至上的价值评判权利。与其他生物与非生物存在一样，人只是整体生态系统平衡稳定的因素之一，人与自然生态的关系应当在人与自身的关系和人与他人即社会的关系中得到尊重和协调，人、自然、社会、内心皆应得到伦理关照，以保持人与自然的和谐共生。生态文明伦理或者说生态文明制度的伦理基础无论从内涵还是外延上都更有现实性与针对性，由于此时的伦理关照是基于一种文明形态之上的，因此生态文明伦理自身就超越了伦理作为哲学分支的局限，而扩展为一种文化形态，并且通过社会生活的方方面面发挥其影响力。例如进入政治生活领域，形成资源节约和环境友好型的执政观、政绩观；进入经济生活领域，使企业家具有绿色市场意识和可持续发展理念；进入社会生活领域，成为社会核心价值体系的一部分，培育公众的现代环境公益意识和环境权利意识，通过改变人的行为和观念提高全社会的生态文明自觉行动能力。可以看出，生态伦理尽管在内涵和外延上更学理化和专业化，但却是生态文明伦理或者说生态文明制度的伦理基础的核心支持和观念追求。正是由于近年来中国对于西方生态伦理思想和实践的研究，对于自身传统中生态伦理指向的挖掘与提升，以及结合 30 年发展实践进行的适合中国国情的生态伦理体系构建，才使当前生态文明社会形态的追求成为可能，才能使制度与伦理通过生态文明的社会形态很好地统一起来。

（三）观念、生态观念与生态文明观念

所谓观念，就是人们对一切事物（包括人自身）所形成的主观和客观认识，主要有两个层面的存在方式，即存在于个人头脑中和存在于社会意识中。观念与现实是不同领域的范畴，前者存在于人们的头脑之中，属于思想意识领域，有的通过现实得到反映，有的只是头脑中一闪而过的东西；现实活生生地摆在人们面前，属于现象世界领域，切实地反映着人们的思想观念。可以说，两者之间界限分明又联系紧密，没有先后之定规，观念既可以是现实的反映，也可以在没有现实存在的情况下单纯生成于头脑之中，反过来引领现实的改变。具体到生态观念，就是人们对于自然生态的科学知识与主观认知相结合形成的思想认识，主要表现为整体化的关系性认识，即人的自然与自然生态本身的关系，人类社会与生态系统之间的关系，人类史与自然史的关系等。生态观念是人们面对自然时头脑中产生的东西，具有主观性；但是所有的生态观念又都是通过生产生活实践得来的，并且在其中表现着自己的意愿和本性，具有实践性；同时生态观念一旦在个人头脑

中产生，就必定通过人际交往传播或影响着其他人或者其他群体，甚至通过政策法规等上升为意识形态的东西影响社会生态实践，具有社会性；生态观念的社会实践必定是在一定的地域范围、社会风俗、民族情绪、政治趋向和国家体制中展开的，其形成、内涵与传播皆不会世界大同、千篇一律，具有地方性。生态文明观念是生态观念在社会生活的各个层面得以体现的观念体系，包括生态政治观念、生态经济观念、生态文化观念和公民的生态观念等，生态文明观念体系的确立将开启生态文明的新时代。

二、生态文明观念的 30 年变迁

尽管中国传统文化中并不缺乏以天人合一为核心的生态智慧，但是政治、经济等多种因素造成了在改革开放之初，中国社会的生态文明观念几乎是空白的局面，经济增长的迫切需求引领的国家意识与建国以来形成的战天斗地、攫取自然的社会观念占据了主流。随着改革开放的不断推进，国家层面的生态文明观念以生态观念的形式出现，从无到有，最初出现在全国范围内是中央号召开展的爱国卫生运动，并且逐步成立和完善了负责环境保护管理的政府专设机构，出台了与卫生环保相关的政府文件和法律法规。

（一）从无到有：环境保护观念的出现

环境保护观念的从无到有首先体现在国家相关部门的从无到有，从附属到独立，从低级别到高级别上。1970 年，一些城市、江河、海湾和自然生态方面已出现了比较重的污染，1972 年，作为首都北京水源地的官厅水库突然死了上万尾鱼，极左思潮下认为环境污染是资本主义没落和垂死的表现，谁也不能讲社会主义存在环境污染，人们一度以为是阶级敌人投毒。后来在周恩来总理直接关切和指示领导下，调查受到重视，北京成立了三废办公室，官厅水库水源保护领导小组，该领导小组成为中国成立最早的官方环保机构。1973 年召开了第一次全国环境保护会议，这一年被称为中国环保元年，环保会议后，中国开始设立国家级环保机构，当时叫国务院环境保护领导小组办公室（简称国环办）；1982 年经过第一次机构改革，成立环境保护局，归属当时的城乡建设环境保护部，也就是建设部；1984 年更名国家环保局，依旧在建设部管理范围内；1988 年国务院机构改革时国家环保局从城乡建设环境保护部独立出来，成为副部级的国务院直属机构；同年，国家环境保护局升格为正部级的国家环境保护总局，但是，国家环保总局只是国务院的直属单位，而不是国务院的组成部门，尽管在行政级别上也是正部级单位，但在制定政策的权限，以及参与高层决策等方面，要弱于国务院组成部门的部委；2008 年，国家环保总局更名环保部，成为国务院的组成部门。

国家环境保护工作不仅机构健全完善起来，其职能也日益细化全面，涵盖了环保工作的各个层面，一是负责建立健全环境保护基本制度；二是负责重大环境问题的统筹协调和监督管理；三是承担落实国家减排目标的责任；四是负责环境保护领域经济与产业相关工作；五是承担从源头上预防、控制环境污染和环境破坏的责任；六是负责环境污染防治的监督管理；七是指导、协调、监督生态保护工作；八是负责核安全和辐射安全的监督管理；九是负责环境监测和信息发布；十是开展环境保护科技工作，推动环境技术管理体系建设，另外还有开展环境保护国际合作交流、环境保护宣传教育工作等。从教育、宣传等预防层面到监督、管理等实施层面再拓展到交流、科研等长期谋划，环保部这个国家机构的现代治理体系已经日臻完善。

（二）从自发到法治：现代环境治理观念逐步形成

法治是国家治理现代化的基石，也必然是现代环境治理的根基。当今中国环境治理始于一些偶发的环境污染事件，例如上述的官厅水库水污染事件，对于基本生存安全的担忧倒逼国家层面的行动。因此起初的政府行为并非由自觉的生态环保意识引起，但是随着经济现代化、市场化的推进，环境事件的频发催生了国家层面的环境保护意识，对环境个案的处理经验逐步积累上升为一般性环境治理规律，环境法的制订呼之欲出且迫在眉睫。可以说，环境法的出台与完善和国家现代环境治理观念的出现与深化息息相关，后者是前者产生的思想基础，前者是后者存在的制度化体现。

第一部环境相关法律《中华人民共和国环境保护法（试行）》诞生于 1979 年 9 月 13 日，在此之前环境保护的法制建设也非空白。在1972 年斯德哥尔摩"人类环境会议"的影响下，1973 年国务院颁布了《关于保护和改善环境的若干规定（试行草案)》。这一法规文件是 1979年环境法的雏形。1974 年，国务院颁布了《中华人民共和国防治沿海水域污染暂行规定》。这是我国第一个防治沿海海域污染的法规。这一时期，我国还颁布了一批新的生产生活环境标准，使国家的环境管理有了定量指标。1978 年修订的《中华人民共和国宪法》也第一次从国家大法的高度对环境保护作了规定："国家保护环境和自然资源，防治污染和其他公害"，这就为我国的环境保护工作和以后的环境立法提供了宪法依据。1979 年前的这几年，我国现代意义上的环境法开始起步，国务院及其有关部门制定的行政法规和部门规章在保护环境与资源的实践中发挥了重要作用，并为七十年代末我国环境法的迅速发展奠定了一定的基础。1979 年环境法出台后的 30 多年中，我国的现代环境法已经从松散到系统，从抽象到具体，从局部到全盘发展成为一个独立的、在国家的法律体系中占有重要地位的法律部门，到目前为止，环境法体系已经比较健全和完善。1979 年 9 月 13 日第五届全国人大常委会通过了我国第一部环境保护法，《中华人民共和国环境保护法（试行）》对我国环境保护事业的发展具有非常重要的意义，它标志着我国环境保护事业进入法制轨道，为实现环境和经济的协调发展提供了有力的法律保障。为了解决经济发展与环境保护的比例严重失调，1982 年国务院颁发了《关于在国民经济调整时期加强环境保护工作的决定》。这是一个环境保护的综合性法规，也是对 1979 年《环境保护法（试行）》的补充和具体化。经过十年的实际应用，在总结经验、吸取教训的基础上，1989 年 12 月 26 日第七届全国人民代表大会常务委员会第十一次会议通过了修改后的《中华人民共和国环境保护法》。如果说 1979 年的《环境保护法（试行）》是中国环境立法史上的第一座里程碑，那么 2014 年通过的《环境保护法》修订草案则应当誉为中国环境立法史上新的里程碑。作为一部国家层面环境治理的大法，新修订的环保法充分体现了现代环境治理理念。一是注重法条的实践价值，二是强调权责对等的现代国家理念，三是强化了违法处理的实施路径，摆脱了一度明显的政策法的痕迹。

到目前为止环境法体系呈现出以下几个特点。一是污染防治的立法既有综合总体又有局部具体。二是对自然资源展开了全面立法保护。

三是对自然生态的立法保护在不断完善。四是环境法的辅助性方面得到加强。对环境保护不仅要从环境内部着手，还要通过立法在全社会形成环境保护的观念与制度。五是对已有法条进行生态化完善与提升，在一些其他的立法中增加环境保护的内容。比如1997年的《中华人民共和国刑法》专列一节规定了"破坏环境资源保护罪"，《农业法》也专设一章"农业资源与农业环境保护"，《侵权责任法》也列专章规定环境侵权责任。六是将依法治理环境置于国际合作的框架内，已参与并签署的有关环境与资源保护的国际条约与协定多达40多项。七是将环境法治的主体从国家拓展到公民，比如2006年2月原国家环保总局公布了《环境影响评价公众参与暂行管理办法》，这是我国环境保护领域第一部公众参与的规范性文件；原国家环保总局发布了《环境信息公开办法(试行)》等，一些地方相继设立的"环境法庭"则为环境司法的加强提供了组织基础。

十八届四中全会通过了《中共中央关于全面推进依法治国若干重大问题的决定》，为环保领域落实依法行政要求，推动环境保护法治建设，以及运用法治思维和法治方式推进经济增长模式绿色转型和环境管理战略转型等事关环保事业发展的重大问题的解决指明了方向，现代环境治理观念逐步形成，生态环境法治之路将越走越宽。

（三）从实然到应然：生态伦理观念的深化

30余年来生态观念的变迁根植于对自然生态和生存环境演化事实不断深化的认识之上，法律体系的建成，环保机构的完善都是基于生态环境状况的事实判断。然而组织机构发挥作用，法律法规公正落实都要依赖人的作为，因此正确价值观的引导变得顺理成章。生态观念只有从实然层面上升到应然层面，从做出事实判断逐步上升到做出价值判断，也就是成为伦理观念，成为约束人们生产生活实践的道德规范，才能真正成为各级各类施行者的自觉理念，从而不仅很好地调节人与人的关系，而且很好地调节人与自然的关系。中国生态伦理观念并非随着解放思想、实事求是的改革大潮自然产生，而是在改革开放30多年实践的经验教训基础上，在西方生态伦理理论与实践的影响下，在中国传统文化生态伦理观念的发掘提炼中逐步形成并不断深入人心的。经过数十年的发展，当前生态伦理观念已经在政府、企业、社团、个人等方面逐步养成，并形成自上而下与自下而上的伦理实践。

1. 体现了保护环境的伦理原则

从主要关注经济发展到发展与环境并重，甚至环境优先，体现了保护环境的伦理原则。这一点主要体现在国家战略层面，标志性事件就是 2003 年中央提出科学发展观，并在其后的中国共产党第十七次全国代表大会上写入党章，成为中国共产党的指导思想之一。自此"坚持以人为本，树立全面、协调、可持续的发展观，促进经济社会和人的全面发展"，"统筹城乡发展、统筹区域发展、统筹经济社会发展、统筹人与自然和谐发展、统筹国内发展和对外开放"等成为推进改革发展各项事业的方法论指导。继"十一五"规划单位 GDP 能耗下降20%，"十二五"规划再降 16%，国家"十三五"规划提出要完成到2020 年单位 GDP 碳排放要比 2005 年下降 40%~45%的节能减排目标。具体经济活动也将关注点从单纯的经济效益扩展到社会效益，并延伸到生态效益。循环经济，生态工业园区建设成为风尚，生态产业也在工业、农业、第三产业中开花结果。各类经济体开始承担起相应的生态责任，在各自经济活动中将自身行为对自然环境的影响纳入计算，并且以负责任的态度将自身对环境的负外部性降至尽可能低的水平。从不破坏自然环境的立场出发，实现生态发展，创造绿色 GDP 的生态伦理观念日益为人们所认同。

2. 体现了生态公正的伦理原则

从保护自然生态到推动生态公平正义，体现了生态公正的伦理原则。一方面是从制度法理层面规定了权责对等、保护弱者、代际正义等，用强制力保障生态公正的伦理践行。另一方面将生态公正的伦理观念进行理论研究与普及宣传。生态伦理学 20 世纪中叶诞生以来，直到世纪末的 20 年甚至 10 年间才在中国理论宣传界受到重视和得以传播，这与经济社会发展到一定程度有关。生态环境恶化，自然资源匮乏让人们开始关注生态伦理学的价值导向作用，物质生活相对富足以后人们开始追求好的生存环境，例如清洁的空气和水，山清水秀的居住空间等，这些也让人们开始反思自身对待自然的态度与行为，反思幸福的真正内涵。生态伦理学对于自然生态的"应然"考量成为解决人们观念问题和实践困惑的良药。1982 年《联合国海洋公约》提出"共同而有区别责任"原则最能体现生态公正伦理原则，该原则包括两个相关联的内容，即共同的责任和有区别的责任。共同的责任是指由于地球生态环境的整体性，各国对保护全球环境都负有共同的责任，都应该参与全球环境保护事业；有区别的责任是指由于各国经济和社会发展水平不同，废弃物和污染物的排放数量也不同，技术能力和工艺水平也不同，不应该要求所有国家承担完全相同的责任。这一伦理观念不仅适用于国与国之间，也适用于国家内部不同发展阶段的不同地区之间，适用于同一生态环境中不同生活水平的人群之间。"共同而有区别责任"的生态伦理原则已经通过政策、法规和社会团体的行动受到推崇。比如，当下中国资源开发生态补偿机制的建立就体现了生态公正伦理原则，该机制涵盖了对自然保护区、重要生态功能区、矿产资源开发、流域水环境保护等四个方面的生态补偿。

3. 体现了节约有效的伦理原则

从物质主义盛行到开始倡导适度消费，体现了节约有效的伦理原则。从总体上讲，我国的技术水平与发达国家有很大的差距，经济的发展往往是以资源的巨大浪费为代价的。据统计，中国创造的每单位美元消耗的能源是美国的 4 倍，德国的 7.7 倍，日本的 11.5 倍。由于科技和管理水平落后，中国对资源的利用效率低下，造成经济投入和产出比例严重失衡。在这种条件下，扩大出口就意味着国家把能源与资源廉价地送往国外。这种以资源换取经济快速发展的做法，从长远来看无疑是和长期可持续发展的战略相矛盾的。从资源角度分析，自然资源不足是制约中国经济发展不可忽视的因素，随着经济的进一步发展，这种瓶颈效应日益突出，国内资源短缺问题将越来越严重。据预测，在我国已探明的 45 种矿产中，到 2020 年，可以满足国内需求的将仅剩 6 种。特别是对经济发展起着巨大作用的石油资源更是浪费严重。据《财富》杂志报道，自从 1990 年以来，中国石油消费量平均每年增加 7%。正是看到这种严峻局面，2005 年中央政府就提出加快建设节约型社会的战略，倡导从政府、企业、社区到个人要树立节约理念，杜绝浪费，适度消费，以保障自然生态的永久存续和人类自身的可持续发展。消除物质主义、消费主义和"拜物教"，倡导简约生活，"够了就好"的伦理观念，这触及了每个公民的生存方式与生活态度，为人们提供了一种合生态伦理的生存体验，从个体美德养成的方面体现着生态伦理观念的深入和升华。

三、制度与伦理缺失张力时的生态观念问题

经过 30 多年的变化与丰富，当今中国的生态观念具有一定的先进性，能够比较充分地反映政治、经济、社会以及人们日常生活的发展现状，并已经在很长一个时期引领了现实的不断变革。但是由于制度与伦理张力尚未完全展开，生态文明观念还远未确立，与现实不断演进的需求有一定差距，制约着未来生态文明进程的推进。

（一）传统文化中消极的生态观念遗存

中国几千年传统文化中贯穿着将自然视作有机整体的观念，认为自然既是物质的，也是精神的，并且互相关联以整体方式存在和运行。这种观念抛开其神秘主义色彩不论，在经济和科技比较发达的今天看来是具有相当的进步意义，但是由于近代以来，中国的经济发达程度和科学技术水平都不足以让人们认识基本的自然规律，更无法自觉、有效地运用这些规律。这些看似进步的整体主义自然观念没能形成鲜活的生态实践变革，反倒成为确立生态文明观念的文化桎梏。两千多年前的荀子曾提出"天行有常"的观念，主张"制天命而用之"，但是由于人们没有掌握足够的认识自然规律的科学知识和技术手段，对自然的敬畏始终束缚着人们的思维，在实践中产生消极的影响。例如在异常气候和自然灾害面前，先民们往往以不变应万变，消极地等待其自生自灭。蝗灾爆发时，认为对蝗虫不能消灭，只能等它们迁移或消失；洪水来临时，只能祈求天神息怒，尽职的官员甚至跳入洪水，期望以自己的生命换取天的怜悯。西汉时就有人认为水旱灾害的增加与

盲目砍树及开矿有关，但却将原因解释为矿洞泄了地中的阴气。由于原因不具说服力，因此不能制止这些破坏自然环境的行为。迷信风水使一些山川森林得到严格保护，但为了截断他人的"龙脉"、败坏别家的风水也导致毁林、截流、烧山、断岗等破坏自然的行为。在科学技术和生产力落后的情况下，即使先知先觉的人已经有了正确的认识，也找不到消除这些不利因素的途径。特别是在中国巨大的人口压力面前，生产更多的粮食成了头等大事，因此而造成对生态环境的破坏也只能听之任之。例如，林则徐、魏源、汪士铎等人当时已认识到大规模无节制地垦荒造田是造成水土流失和水旱灾害频仍的原因。但他们无法找到其他增加粮食生产以养活新增人口的办法，汪士铎将这归咎于"人多之害"，主张采取激烈措施减少人口，被后人称为"中国的马尔萨斯"。这种传统文化中的整体自然观对于今天生态观念的整体主义转向颇具启发意义，但是其中科学性缺乏、与实践脱节等弊病在当今生态观念中仍有一定影响力，却是必须摒弃的。

（二）计划经济下僵化的生态观念影响

改革开放以前中国实行的是完全的计划经济体制，但是由于新中国成立时积贫积弱的现实国情，发展经济解决温饱是首要任务，直至后来错误地将主要精力放在抓阶级斗争上，生态观念几乎没有纳入国家发展的计划体制内，更谈不上生态文明观念了。斗争观念被泛化到人与自然的关系之中，"与天斗，其乐无穷，与地斗，其乐无穷"。20世纪50年代的土法上马大炼钢铁和70年代的农业学大寨劈山造田，使我国的林地资源遭到严重破坏。合理计划是遏制市场无序的有效手段，但是如果自然生态就不在计划之列，或者人们温饱都没有保障而斗争哲学大行其道，计划就会成为生态存续的阻碍。当时中国计划经济时代的生态观念其实就是一种斗争观念，将人与自然看作索取和给予的对立方面，从极端的方面克服了整体自然观的消极与空想，却过分地发展了人的斗争性。这种索取无极限的生态观与西方工业化伴生兴起的人类中心主义殊途同归，都是将自然作工具性理解。其影响一直延续，并且在改革开放后很长时期内采取另一种形式继续占据生态观念的主导地位。当今中国环境与发展的矛盾日益突出，生态文明建设势在必行，这种人与自然二元对立的生态观念一定要破除。

（三）西方思维影响下的生态观念问题

西方工业化要早于中国一个多世纪，环境问题和生态危机也更早出现，因此西方社会特别是政府和理论界对于人与自然的关系问题更早地给予了关注和研究，不仅工业生态学等自然科学方面的研究已经日益深入，关于生态问题的人文关怀也已经进入了追问本质和追求至善的哲学伦理学领域，中国在这些方面具有后发优势。但是在西方发展过程中形成的生态观念主要是人类中心主义与深生态主义，对于当今中国生态观念的形成与实践都有一定的消极影响。西方的人类中心主义主要盛行于工业化发展的初期和兴盛期，由于中国近30年来的发展就是在补工业化和现代化的课，因此同质化的发展阶段使得西方传统人类中心主义很有市场，征服自然与改造自然的二元对立思维在经济飞速发展，财富不断积累的过程中受到追捧。如今中国发展到了中等收入的平台期，转型发展和创新发展已经迫在眉睫，相应地，破除人与自然二元对立的生态观念也势在必行。西方的深生态主义是一种超越现代性的生态思维，去除自然的工具性是其首要特征，但与此同时，它过分强调自然"去人化"的价值，将人从与自然的关系中剥离开来，把人类活动看作是导致自然生态失衡的诱因，从而倡导减少人的活动，削减人对自然的影响，提倡"零"发展甚至"负"发展，这些观念显然与中国发展中国家的身份不符，中国不应当不发展，而应当追求更优质的发展，其中包括人与自然的共生共荣，因此要消除这种不切实际的生态乌托邦观念的影响，确立人与自然整体发展的共生生态观念。

（四）改革开放以来的生态观念问题

中国的改革开放是在不断摸索中寻找着适合的道路，因此生态观念也在暴露问题中不断加以修正。一是先污染后治理。这种观念是有其理论基础的，即环境库兹涅茨曲线(Environmental Kuznets Curve)。它是关于经济增长与环境污染之间关系的一个理论，由美国经济学家 G.Grossman 和 A.Kureger 提出，试图说明一个国家的整体环境质量或污染水平会随着经济增长和经济实力的积累呈先恶化后改善的趋势，也即经济增长和环境污染之间呈现先污染，后改善的倒 U 形曲线形状。隐藏在曲线背后的发展模式是发达国家"先污染、后治理"的传统经济增长模式。西方国家的成功似乎向人们展示一种推论：即环境问题无需特别注意，可以通过经济快速增长来尽快跨越对环境不利的发展阶段，抵达倒 U 形曲线中对环境有利的发展阶段。这种理论与改革开放初期中国追求发展的迫切情境极度符合，因此不管环境先行发展成为当时普遍的增长模式。事实证明，发展付出了沉重的代价，治理环境的成本很大程度上消耗了发展的成果，人们还付出了洁净生存空间等的无法估值的生态成本。如今中国的发展一定要摒弃这种先污染后治理的过时观念，确立更加符合中国自身实际的生态发展理念。二是重环保轻规划。当今中国提出环境保护的观念并不晚，如前所述 20 世纪 70 年代就开始进行相关机构组建和实际工作。但是对于自然生态的规划性关切却十分缺乏，项目上马进行环评听证，城市建设进行生态规划都是近几年才开始的，而且广泛的法治化与制度化落实还有待强化。三是要效率失公平。30 多年的飞速发展取得了辉煌的成就，但是贫富差距的不断扩大也是不争的事实，这种不公平也体现在面对自然生态时的有失公平。煤炭大省山西的生态不公问题就比较突出。十几年煤炭经济的高速发展成就了一些暴富的"煤老板"，也产生了相当数量的"生态难民"，生态有失公正带来的是不可持续的增长，2007 年一季度山西 GDP 增速曾经与浙江并列全国第九位，效率可谓高企。但是盲目追求效率注定不能长久，在导致生态有失公平的同时，效率也遭遇滑铁卢，2015 年山西 GDP 增速全国倒数第二位。没有立足长远的生态观念，没有公平的生态环境，持续健康的发展是不可能实现的，这正是对当前生态观念变革的警示。

第一章　生态文明观念的伦理基础

任何社会观念都需要有伦理基础，否则就是无源之水，无本之木。生态文明观念做为人类发展历程中迄今为止最先进的社会观念更应强调伦理基础的重要性，并且从观念的整体指向上得以体现。与其他社会观念不同，生态文明观念的伦理基础更丰富，增加和强调了自然生态价值在其中的重要性，并为此从内涵上深化了各方面的伦理要求。

一、生态文明观念的伦理资源

生态文明观念的伦理资源主要包括唯物史观确立的生态伦理原则，长期形成的中国传统社会的生态伦理要求以及当代西方可资借鉴的生态伦理成果。

（一）唯物史观的生态伦理原则

唯物史观的生态伦理原则发端于马克思的自然观念中，丰富且极具前瞻性。在许多著作中，马克思不止一次地阐明了人与自然的不可分割性："自然界……是人的无机的身体。……是人为了不致死亡而必须与之处于持续不断的交互作用过程的、人的身体。所谓人的肉体生活和精神生活同自然界相联系，不外是说自然界同自身相联系，因为人是自然界的一部分"。①自有人类历史记录以来，人与自然之间不可分割的整体性就被人类以各种形式加以认可，从最初对自然力量的恐惧所生的膜拜，到自身力量被激发之后对自然生出的征服欲望，人类走到当今时代，在一次次被自然的惩罚所打击之后，开始对自然采取理性的态度，唯物史观的整体主义自然观可以称为具有普世价值的生态伦理观念。

马克思的自然观始终没有背离人的全面自由发展这一价值主题，其研究主体是作为整体的人与自然，是人化自然与自然的人。自然既不像直观唯物主义者那样被理解成僵死地外在于人和人类社会的存在，也不像有神论者认为的是神的存在形式，或者为神所控制。自然不过是与现实感性的人的实践活动紧密相连的整体；人也不比自然高明或高贵，不过是现实感性的与一切自然力紧密相连的整体；马克思的自然观也从来没有脱离人类社会的发展历史，从某种程度上说，他的自然观就是自然历史观，而他的历史观也可以称作历史自然观。马克思关于自然、社会、历史三位一体的思想源于他的唯物史观方法论，既摒弃了唯心史观过分夸大人类主观能动性从而把自然当作工具和手段的错误认识，又超越了旧唯物主义对人机械化的看法，同时避免了当代环境伦理思想最初用自然价值取代人类进步的误区，而是视自然演进史为人类大历史的重要组成部分；马克思高度重视人的实践活动，认为它是一切存在的基础。他的自然观同样日益深刻地植根于广泛的生产生活实践中，其逻辑思路根本地改变了传统伦理学与实践的背离

①《马克思恩格斯文集》第 1 卷 [M]，北京：人民出版社，2009 年版，第 161 页。

关系，使他对于自然的认识既具有道德关怀的形上层次，又具有现实生活的物质根基，从而更有说服力与历史有效性，实践方法论使马克思的自然观始终踏着人类历史发展的脉搏，具有恒久的生命力。

（二）中国传统文化中的生态伦理要求

中国传统文化对于人与自然关系的认识表现为原始的整体化视野，朴素的自然价值论和辩证的生态实践观。在中国的古代哲人看来，整个宇宙是一个流衍创生的系统。"天地之大德曰生"，①认为万物皆生于天地。庄子说"天地与我并生，而万物与我为一"；朱熹说"天人一理"、"天地万物一体"；孟子说"上下与天地同流"②都是人与自然一体的思想。天人还是可以联通的，《中庸》把"至诚"看作是人、物、天地互相沟通，达到内在统一必由之路。孟子曰："尽其心者，知其性也；知其性，则知天矣。存其心，养其性，所以事天也。"③儒家主张通过修身养性来达到"赞天地之化育"、"与天地相参"的高深境界；人对自然的态度取决于人对自然价值的认识，中国古代生态伦理的自觉在很大程度上归因于对自然价值的尊重，这是近代西方人类中心主义价值观所无法比拟的。中国古代思想家普遍承认自然的内在价值，尊重自然物的固有本性。庄子说："物固有所然，物固有所可。无物不然，无物不可。故为是举莛与楹，厉与西施，恢恑憰怪，道通为一"。④即从道的视角而言，小草与屋柱、丑女与美女、万物的恢恑憰橘

①《周易·系辞下》。
②《孟子·尽心上》。
③《孟子·尽心上》。
④《庄子·齐物论》。

怪之异态，都一样而并无不同。因此，自然万物在权利上没有什么差别。中国古代的宗教也都具有物我齐等，尊重自然固有价值的价值取向。唐代道士王玄览《玄珠录》说："道能遍物，即物是道。"《西升经》称："道非独在我，万物皆有之。"中国佛教以"法界缘起"、"无碍"为宗旨，秉持德生敬命和普渡众生的生态信仰；中国传统文化还认为，自然生态的运行是有其自身规律的，人的活动应当遵循规律。老子指出"人法地，地法天，天法道，道法自然"。[①]庄子说"天下有道，则与物皆昌"。[②]儒家贵"仁"、"仁义"和"仁爱"，倡导"益于生灵"，"利于庶物"。曾子引用孔子的话说："树木以时伐焉，禽兽以时杀焉。夫子曰'断一木，杀一兽，不以其时，非孝也。'"孔子把保护树木禽兽纳入到"孝"的伦理规范，对于保护自然具有实际意义。孟子继承了孔子的思想，他主张仁爱万物，"亲亲而仁民，仁民而爱物"。[③]佛家提出了"不杀生"的戒律要求，"诸罪当中，诸功当中，不杀第一"，[④]成为约束佛教徒的第一大戒。

（三）国外可以借鉴的生态伦理成果

国外有相当丰厚的生态伦理资源，古代资源主要来源于古希腊自然观的人文传统，当代资源主要来源于对工业化后日益严重之生态危机的理性反思。

1. 古代资源

---

① 《道德经》第 25 章。
② 《庄子·天地》。
③ 《孟子·尽心上》。
④ 《大智度论》第 13 卷。

古希腊自然观的人文精神在当时许多哲学家关于自然的基本认知中都有体现，但是又有各自的侧重和特点，重点集中在对于自然的有机性、有限性、过程性和神性等四个方面的认识中。

对自然有机性的认识表现在如下几个方面。一是自然万物起源的有机性。例如泰勒斯认为水是万物的本源，斯多葛学派则认为火是世界的原动力，阿那克西美尼提出万物的本源说，恩培多克勒提出火、气、土、水四根说，认为万物都是四根组成的产物，提出了万物的原子构成说。由于起源是具体而非抽象的，可追溯的而非不确定的，自然万物就成为有联系的有机整体。一是从联系性的角度来表达对自然有机性的认识。最典型的就是恩培多克勒的四根说，认为万物都是四根组合的产物，并且由于爱恨，四根结合与分离造成了万物永恒流转，生生不息。赫拉克里特认为自然万物对于"对立统一的追求就像弓和弦的统一一样"。亚里士多德认为万物均由形式和质料构成，任何有形事物都是质料和形式的统一体，唯一能摆脱这种联系性存在的就是上帝。

古希腊"四主德"包括智慧、勇敢、公正和适度。适度的德性表达是古希腊人对于自然有限性的基本认知。由于地处岛屿，古希腊人直观上感知到了自然的有限存在，可以说，有限自然是其自然哲学的地理基础。德谟克利特说"美到处都是适度的；过度和不足在我看来都不美"。确实，"在希腊的尺度文化中无限的东西是不完美的，相反，有限的东西是完美的"。[①]赫拉克里特把世界归结为火的运动，其燃烧与熄灭遵循着一定的尺度和规律。"无物常驻"本身就反映了对自然

---

① [瑞士]克里斯托弗·司徒博：《环境与发展：一种社会伦理学的考量》[M]，邓安庆译，北京：人民出版社，2008年版，第126页。

有限性的认识。普罗泰格拉的名言"人是万物的尺度"则不是要说明人的无条件的全能，而是要指出人的局限，由于人的能力的局限，自然有限性就呈现在人面前。所以后来苏格拉底有另一句名言"思想的人是万物的尺度"，思想是人独有的能力，只有思想时人才存在，万物才存在，思想有限，人有限，自然万物亦有限。

过程自然。自然具有过程性，是不断发展变化的。最容易想到的就是赫拉克利特的"一切皆流，无物常驻"，因此，"人不能两次踏进同一条河流"。即便是那些认为自然起源于一个或多个具体事物的观点，也同时认可了自然的过程性，因为由具体事物到自然的普遍存在，显然是需要不断运动的过程的。包括那些认为自然由不确定的东西而来的哲学家，同样不能否定自然的过程性。例如阿那克西曼德所说的"无定形之物"，最后混合成混沌，形成自然万物，这显然需要一个过程；阿那克西美尼既要强调多样的统一性同时又要强调单一性，既要统一万物又要能拿得出来单一的、具体的东西；柏拉图根据共相和一般的相互关系，认为万物的存在，都是分有精神性的理念的原因，从最低等级的纯质料到最高等级的纯形式，形成自然界的秩序之链；伊壁鸠鲁提出原子具有"自我意识"，并认为这种自我意识导致了原子的倾斜运动，是事物构成及运动的根本原因；亚里士多德干脆认为自然的主要特征是运动，自然是一个从自己本身外出的过程。过程自然强调运动变化，反对僵死不变，体现着人文精神。

神性自然。古希腊神话影响了当时哲学科学界的自然观，人们发现借助神人更易与自然亲近。柏格森对此的看法是，古希腊的自然观把自然与神性直接联系在一起，同时也间接地把它与人性联系在一起。神性自然实质上反对把自然视作无生命、僵死的或机械化的存在，体现出对自然的人文关照。亚里士多德一方面用等级序列说明了神的最高地位，宇宙万物终将朝向神的方向上升；另一方面又认为神向下的不断接触造成了宇宙的运动。在他那里，神的作用是受到重视的。在神的外衣下是永恒变动又有秩序的人性自然。梅洛－庞蒂认为，亚里士多德通过神性来维护自然的内在目的。自然的整个运动、变化都服务于纯形式（即神）这一最高目的。[①]毕达哥拉斯推崇数的本原地位，神不过隐藏在他的思想之中，但是同样将神高于数来看待，认为神的概念具有超越性，是概念中的最高层次，不是数而是神发挥着对人、对自然、对社会甚至对数的规范作用，造成万事万物的和谐共生。古希腊时期整个世界都充满了对自然的神性认识，人力无法企及自然，只能模仿朝拜，人的力量与自然神性相比几乎可以忽略。古希腊哲学最初对于自然物质性的坚持是主要的，但是寻找本原的努力促使自然被统一于"神"的名义之下，其实这代表了人走向自然的一种努力方向。古希腊自然观的人文精神逐步显现：物性——神性即拟人性——人性。至此，人不再与自然疏离。

2. 当代资源

西方自工业化以来，人与自然对立的二元思维方式成为主流，人类中心主义大行其道。日益加剧的全球性的生态危机催生了生态伦理作为一种学科的出现与发展。由传统人类中心主义到现代人类中心主义，由强人类中心主义到弱人类中心主义，再到动物权利论的生物或生态中心主义，人们对于自然伦理的生态关照不断加强，从冲突到和谐的路径日益清晰。

---

① 参见杨大春《自然的神性、人性与物性》[J],《哲学研究》,2012 年第 9 期,69-76 页。

　　自然的地位。人与自然的关系是辩证的。自然除了具有物质生产的材料、资源等工具性价值外，还有审美、精神、道德存在等非工具性价值。这些价值关系的主体是人。人与自然是辩证统一的历史过程，它们各自是对方的一部分，相互规定，又相互作用，同时人类必须承认外部的或第一自然的优先性。并不存在除人类需要之外的自然需要。控制自然应该理解为把人的欲望的非理性和破坏性方面置于控制之下，从而使控制自然的进步变成人性的解放和自然的解放。人类在分析生态危机根源和反思对待自然的现代态度时，不应放弃"人类的尺度"，应以人类的整体利益和长远利益为价值尺度。正确看待技术、劳动、消费与自然的关系。技术不能简单地被认为是生态危机产生的根源，或者是解决生态问题的途径。技术本身的对错不可言说，技术运用产生的后果是有正误之分的，而这由两个因素决定，一是它赖以运行的社会制度，二是判断其正误的价值观如何。要恢复技术的自在状态，控制人对于技术的非理性以及由此造成的对自然的破坏性，从而实现技术进步与人性发展的一致。资本主义生产方式下，劳动被异化了，人们不是在劳动中而是期望在消费中实现自我价值，于是进一步带来人的本质的异化，由于过度消费从而也带来了自然的异化。必须摒弃那种只在消费过程中寻求满足的生存观念，而要在物质劳动、精神劳动以及适度消费中生存并充分实现自身价值，才能解决生存方式的异化问题。未来社会构想。未来社会应当是以人为本的，也需要生产力的发展和经济增长，但是要有益于生态，把握好每个人物质需要的自然限制。通过科技与伦理的双重进步，以制约人类的无限欲求，摆脱不易于生存的社会状态。取代现行资本主义的不是传统的社会主义，而是生态合理、民主控制与高度公正的社会。

此外，西方还有相当数量的哲学家在其哲学观点中体现出生态伦理情怀。海德格尔就是典型的例子。他在其哲学论著中描绘了一幅人与自然和谐共生的美好画面——天地神人交融构成的四重整体。凡人通过栖居而在四重整体中存在，栖居本身必须始终和万物同在。海德格尔的天地神人四位一体思想所要表达的意境实质是人与自然的和谐共生。罗尔斯顿认为，生态伦理不仅要求人们把伦理道德关怀的对象扩展到自然界，而且要求人们遵奉敬畏生命的实践取向。山川大地、江河湖海、日月星辰、花开花落、鹿鸣鸟啼，都是自然界本来就存在的事物。与其说是人赋予自然界以价值，毋宁说是自然界赋予人以价值。施韦兹认为"如果把爱的原则扩展到一切动物，就会承认伦理的范围是无限的。从而，人们就会认识到，伦理就其全部本质而言是无限的，它使我们承担起无限的责任和义务"。①

二、生态文明观念的政治伦理基础

政治伦理指政治活动中的伦理关系及其调节的伦理原则。由于政治关系表达了特定的价值理念与价值关系，它就具有伦理性，并且在一切政治活动、政治关系中关涉伦理性的方面，展开其政治伦理的现实内容。生态文明观念的伦理基础应当包含以下几个方面：政治理想要有生态伦理旨趣，指导政治行为的立场方法应当符合生态正义原则，政治行为应当是生态应然的，政治架构应该是生态合理的，政治权力

---

① [法]施韦泽：《敬畏生命：五十年来的基本论述》[M]，陈泽环译，上海社会科学院出版社，2002年版，第76页。

应承担相当的生态责任，伦理规范和标准应该适应政治的界限。

（一）执政者有生态伦理旨趣的政治理想

十八大报告提出生态文明及生态文明制度建设，就反映了中国共产党政治理想中的生态伦理旨趣。作为执政党其政治理想并不是一成不变的，生态伦理旨趣既是新时期、新国情、新世情下深化执政认识提升执政思维的理性选择，又是党始终如一的执政宗旨的必然指向。从建党伊始"推翻三座大山，救民于水火"到革命战争时期提出"党的群众路线"，再从建国伊始"全心全意为人民服务"到改革开放后提出"执政为民"，中国共产党的立党根基就是为最广大人民谋福祉。尽管走过弯路，但是党的执政基础从未改变，那就是广大人民群众，党的执政目标也从未改变，那就是让最广大人民群众幸福安康。新时期提出生态文明建设就是"全心全意为人民服务"的政治理想与时俱进的体现。当前国家经济总量已经跃居世界第二位，就整体情况而言，物质追求已经不再是人民的主要追求，但是发展经济所付出的环境代价已经日益显现，并且严重影响了人民对于幸福的主观感知。人们期盼食品药品安全，渴望有洁净的空气和水，期盼美好安宁的生活生产环境，这些都对全社会实现生态文明转型提出迫切要求。从人民利益出发，为人民谋福祉，因此执政党提出了建设生态文明制度这样的具有生态伦理旨趣的政治目标和理想。

（二）指导政治行为的立场方法应当符合生态正义原则

执政者是实现社会正义的主导力量，在生态文明制度建设的理想确立后，指导政治行为的立场方法也应当体现生态正义原则。"正义"

一词，在中国最早见于《荀子》："不学问，无正义"，是从个人修为的角度指出做圣人君子必须去谋求真理，否则就不是正道。柏拉图认为，各尽其职就是正义，上升到了社会整体的视角，却没有抛弃阶级等级的观念基础。罗尔斯提出了更易被现代人所理解的一般的正义观："所有社会基本价值（或者说基本善）——自由和机会、收入和财富、自尊的基础——都要平等的分配，除非对其中一种价值或所有价值的一种不平等分配合乎每一个人的利益。"①合理性大大增加，却将西方色彩浓厚的实用主义传统用很抽象且难以实现的形式表达出来，更多情况下可以做为对正义的学理描述，而无法在政治实践中遵循。马克思伦理学由于其唯物史观方法论原则和谋求全世界无产者解放的实践追求，认为正义与否的客观标准主要在于其行为是否符合社会发展的要求与广大群众的利益。当前生态文明制度建设中，政治行为就是要站在广大人民群众对自然生态要求的立场上，要适应当前的中国国情并且有相当长时期的前瞻性正义关切。因此，当下指导政治行为的立场和方法必须体现人与自然生态的正义性、当代人之间的正义性和代际正义性，如此方能全面反映生态正义的政治伦理原则。

（三）政治行为应当是生态应然的

简单说就是要有生态执政理念及相应的行为，关键在于形成新的绿色政绩评价体系，不要传统 GDP，而要绿色 GDP，以适应生态伦理的应然要求。绿色 GDP 是指从 GDP 中扣除自然资源耗减价值与环境

---

① [美]约翰·罗尔斯:《正义论》[M]，何怀宏等译，中国社会科学出版社，1988 年版，第 7 页。

污染损失价值后剩余的国内生产总值，也称作可持续发展国内生产总值，是在 20 世纪 90 年代形成的新的国民经济核算概念，由 1993 年联合国经济和社会事务部在修订的《国民经济核算体系》中提出。这就需要政治行为有统筹把握几个关系的能力。一要统筹把握经济发展与优化生态环境的关系。将生态文明作为政绩考核的"绿色标尺"，引导干部树立尊重自然、顺应自然、保护自然的生态文明理念，推动形成人与自然和谐发展的现代化建设新格局。要兼顾主体功能区定位发展，要兼顾招商引资与环境治理，要兼顾经济发展政策环境与生态优化政策环境。二要统筹把握经济发展速度与质量效益的关系。在设置考核指标时，应把推动发展的立足点转到提高质量和效益上来，既要考核发展速度，更要考核发展质量。既要考核经济发展，更要考核经济与社会、人与自然和谐发展。既要考核"显绩"，也要考核"隐绩"。三要统筹把握提高群众收入水平与改善生产生活环境的关系。通过"绿色政绩"考核使领导干部更加积极地保护生态、关注民生、促进和谐。

（四）政治权力应承担相应的生态责任

政治权力在本质上表现为特定的力量制约关系，在形式上呈现为特定的公共权力。就权力运行的本性而言，由于力量制衡处在动态过程中，政治权力总有保持自身稳定性即维护权力地位的客观要求，因此必然要实现权力对于社会应承担的责任，以赢得公信力。就中国共产党的政治权力而言，由于其权力是人民赋予的，为人民代言，国家是人民的国家，执政党的政治权力主观上就代表着人民的根本利益，自然要为人民的生存权和发展权负责。因此，当生态文明制度建设提上议事日程时，政治权力必定要承担相应的生态责任。其实现方式有

两种，一是政治权力以人民代表的身份代替人民履行生态责任。包括
设立环境保护部门，建设环境法律体系，培育社会环境观念，引领环
境文化氛围等；二是政治权力将自身权力分解、弱化和下放给广大人
民群众，由市场和公民承担更多的生态责任。事实上，在前者的总体
性与全面性基础上，后者的经济手段与文化方式能够更及时准确地把
握生态责任的目标与范围，取得更好的效果。

三、生态文明观念的经济伦理基础

经济伦理指的是直接调节和规范人们从事经济活动的一系列伦理
原则和道德规范，是和人们的经济活动紧密地结合在一起并内在于人
们经济活动中的伦理道德规范。经济伦理中的"经济"两字表明了它
和一般伦理道德的区别，"伦理"两字表明了它和一般伦理道德的联
系。经济伦理不仅涉及到国家经济政策的宏观调控，涉及到企业在生
产、销售、广告等各个环节在道德方面的认知与自我约束，而且还关
涉到个人在生活方式、物质消费上的道德选择。在经济发展中必须有
生态可持续的考量，这是生态文明制度建设的重要伦理基础。习近平
在 2014 年 APEC 工商领导人峰会开幕式主旨演讲中，对中国经济新常
态进行了全面阐述和解读。一是从高速增长转为中高速增长；二是经
济结构不断优化升级，第三产业消费需求逐步成为主体，城乡区域差
距逐步缩小，居民收入占比上升，发展成果惠及更广大民众；三是从
要素驱动、投资驱动转向创新驱动。这是中央进行生态文明建设总战
略下对当前中国经济形势与未来发展的顶层设计与预判，生态的经济
伦理基础也必须建立在肯定和融入经济新常态的前提下。

(一) 明确经济活动的生态道德主体

中国经济经过一个时期的高速发展，基本形成社会主义市场经济模式，经济新常态从客观和必然性上对未来经济活动提出更高要求，但是中国经济伦理学仍然面临一个基础性的实践难题，即经济活动的生态道德主体没有完全形成。这是由于经济主体不明晰，行为者的权限不清造成的。因为道德评价的对象是道德行为者的行为和品性，因此道德责任也无法落实，相应地，生态道德责任也不明确。在走向生态文明的经济新常态下，经济活动的生态道德主体有三个，即政府，企业和个人。

政府对经济活动进行顶层设计和总体部署，承担国家经济发展的总体生态道德责任，这种责任是宏观的且是全局性的，责任十分重大。例如政府从制定政策的层面倡导发展循环经济，推动建设生态工业园区，用市场手段发展低碳经济，提出建设资源节约型和环境友好型社会，并将科学发展观写入党章作为党的指导思想之一，党的十八大报告更是首次单篇论述生态文明，首次把"美丽中国"作为未来生态文明建设的宏伟目标，把生态文明建设摆在总体布局的高度来论述，提出"把生态文明建设放在突出地位，融入经济建设、政治建设、文化建设、社会建设各方面和全过程，努力建设美丽中国，实现中华民族永续发展"。这些都是政府作为国家层面的经济活动主体所表现出的生态道德担当，是一个国家得以生态地发展并实现生态文明这一人类文明进步阶段的必要前提。

企业是经济活动的具体实施者和参与者，承担国家经济发展的具体生态道德责任，这种责任显见却不易自发形成，必须受到制度和法

律的规范与约束。首先，企业对自然负有直接的生态道德责任。企业
必须明确自己的新身份，传统企业仅仅以"经济人"身份面世，可持
续发展要求企业充分考虑自然生态的价值，确立自身"社会人"和"生
态人"的身份，走技术进步、提高效益、节约资源的道路，真正确立对
国家、社会乃至全人类负责的精神，合理调节自身与自然的物质交换，
控制自身对自然的损害行为，自觉维护自然界的生态平衡，保证包括
自身在内的整体自然生态能够和谐生存和发展。其次，企业对市场负
有决定性的生态道德责任。在市场经济条件下，企业作为市场的主体，
通过交易的维系形成了市场。在与国际市场不断接轨的大背景下，优
等市场要求更加严厉的环境准入标准，市场筛选企业，要求企业只有
通过这些环境标准的产品才能进入优等市场，在这样的市场上进行交
易也将会得到国际社会的肯定。因此，企业对于市场有决定性的生态
责任，不只是因为能够影响市场的生态标准规则的制定而拥有较大的
规则制定权，更重要的是能够通过市场产生"生态竞争优势"。此外，
生态消费市场的不断扩大也要求企业真正以市场为导向来生产绿色产
品，通过绿色包装、绿色认证，提供满足市场需要的健康产品。再次，
企业对公众负有重要的生态道德责任。企业经济活动从生态伦理学的
根本指向上来说是一种有悖伦理道德的行为，其生产运行在影响自然
环境状况的同时也压缩着人类的生存空间。企业必须有"代内公平"
和"代际公平"的生态伦理观念，自身发展不应损害其他群体和未来
群体的发展。企业还有对公众生态意识进行正确引导的责任，特别是
一些大企业，其行为与运作方式成为了公众效仿的对象和模板。

　　个人的经济活动主要是消费活动和生活方式，尽管对于国家经济
行动的生态道德责任是微观的或者微小的，却不容忽视。一是消费方

式和消费导向决定着市场走向，从而影响企业生产决策。消费是整个经济活动的末端环节，对前面环节都有反作用，有时其影响甚至是决定性的。有需求就有市场，有市场就有生产。近30年来，对于自然资源攫取式利用下的生产模式与发展方式不能不归咎于物质主义消费方式的不断膨胀。二是个人经济活动的方式反映着一个国家和一个民族的文明程度。在摆脱了温饱问题困扰之后，人们是在追求不断的物质享受还是通过丰富精神生活提升个人境界获得更多的幸福感，这决定了我们处在怎样的文明阶段，见微知著，生态文明建设需要每个个体的贡献，首先就从个体的经济活动即消费方式中反映出来。

（二）形成经济增长生态化驱动

经济新常态下，增长不能靠要素驱动和投资驱动，必须形成创新驱动的新模式，生态化可以探索成为一种创新驱动方式。一是经济生态化发展。如循环经济、低碳经济等。循环经济的思想萌芽可以追溯到环境保护兴起的60年代。我国从20世纪90年代起引入了关于循环经济的思想。此后对于循环经济的理论研究和实践不断深入。1998年引入德国循环经济概念，确立"3R"原理的中心地位；1999年从可持续生产的角度对循环经济发展模式进行整合；2002年从新兴工业化的角度认识循环经济的发展意义；2003年将循环经济纳入科学发展观，确立物质减量化的发展战略；2004年提出从不同的空间规模：城市、区域、国家层面大力发展循环经济。循环经济是对"大量生产、大量消费、大量废弃"的传统经济模式的根本变革。随着生物质能、风能、太阳能、水能、化石能、核能等的使用，大气中二氧化碳浓度升高将带来的全球气候变化，也已被确认为不争的事实。在此背景下，"碳足迹"、

"低碳经济"、"低碳技术"、"低碳发展"、"低碳生活方式"、"低碳社会"、"低碳城市"、"低碳世界"等一系列新概念、新政策应运而生，摒弃 20 世纪的传统增长模式，直接应用新世纪的创新技术与创新机制，通过低碳经济模式与低碳生活方式，实现社会可持续发展，即大力发展低碳经济，减少温室气体排放，达到经济社会发展与生态环境保护双赢。二是直接大力发展生态经济。如生态工业、生态农业、旅游产业等。马克思自然观中就提到了一些与生态经济相关的措施，比如要进行机器大生产，实行土地的集约化规模经营，要实现工业和生活废物的循环再利用等等，剔除其中的资本主义因素，这样的生态经济理念对生态文明建设大有裨益。树立生态农业观，实现农业发展的自为性向自觉性的转变，单一农业向生态农业的转变；树立生态工业观，在工业持续发展的同时，生态环境得到改善，资源利用率显著提高，人的生存质量得到保障；树立生态基建观，将生态理念所倡导的节约、环保、可持续等观念作为城市和农村基础性工程的建设理念；树立生态消费观，用节约、适度和环保的态度来从事消费活动，从商品流通的终端发力，为实现整个社会经济运行的生态化做出贡献，同时提升人的生活品质与精神境界，达到自然、社会与人本身共赢的局面。

（三）确立经济发展的生态化目标

2015 年夏季达沃斯论坛上，李克强总理指出："我们所说的发展，是就业和收入增加的发展，是质量效益提高和节能环保的发展，也就是符合经济规律、社会规律和自然规律的科学发展。"这就是新常态下中国经济发展的新态势与新目标，即经济发展的目标应当是节能环保和符合自然运行规律的，是经济效益、社会效益和生态效益多赢的发展。首先经济发展应当是追求投入—产出比的，有高效益的。在避免只见树木不见森林的短视经济行为的同时，注重经济利益的获得，摒弃深生态学和生态中心主义对人的正当需求与发展的漠视，为人类实现更高层次的获得感与满足感奠定必需的物质基础，这是经济发展实现生态化目标的根本保障，是实现生态文明的前提条件。其次经济发展应当追求社会效益，极力消除物质生产可能产生的社会外部性问题。比如城乡差距、群体差距、结构性失业、不均衡社会保障等。好的社会效益一方面对人与自然环境的关系起到向好的制衡作用，更重要的会遏制市场和资本无节制发展可能产生的异化问题，为生态文明提供协调适度的社会环境。此外，经济发展应当追求生态效益，并且从生态效益中挖掘更多的经济和社会效益。生态美好是生态文明社会的重要表征之一，追求美好的自然生态不仅不应该成为经济发展的掣肘，而应成为促使提升经济效益的动因。生态文明时代对于经济发展的生态化追求应成为国家战略、政策法规、政府行为、企业运行和公民活动等的全方位目标。

四、生态文明观念的社会伦理基础

社会伦理是以权利 – 义务关系为核心，标识社会道德关系及其结构状况、社会公正及其实现条件的伦理学基本概念，与"个体美德"(personal virtues)相对。其外延包括整个非个人领域的伦理关系，诸如家庭、市民社会、民族、国家、国际社会、政治、经济、科学技术、法律、文化、教育、环境等领域的伦理关系。其内涵有两个主要方面，一是道德规范及其价值精神存在与演进的社会条件，一是社会价值目标理想、交往方式、结构体制的合理性。一个社会要想获得长期健康稳定的发展，建立一个全社会共同的价值观念，共同的社会信念，尤其是积极向上的有广泛约束力的和得到全社会大多数人认可的社会伦理是至关重要的，由此可见，生态文明社会自然需要生态的社会伦理基础。

要有符合生态道德规范及其价值精神存在与演进的社会条件，并且社会价值目标理想、交往方式、结构体制要有生态合理性。具体说来，首先要有多元碰撞与整合包容的文化条件。广义上说，生态文明也是一种文化，但是按通常意义来理解，生态文明作为一个人类社会发展阶段，一种人类生存状态，它又将文化蕴含其中，人们应当怎样思想，应当有怎样的价值取向，应当发展出怎样的社会关系，这些都成为人应当怎样与自然相处的前提条件，并且互为条件。正如马克思说的："人们对自然界的狭隘关系制约着他们之间的狭隘关系，而他们之间的狭隘关系又制约着他们对自然界的狭隘的关系"。[①]反过来，实现了人与自然双重自由的生态文明必定要求而且会促进形成多元碰撞与整合包容的文化条件。"生态化……也要求生产与消费的现代化，因为后者能反映出社会化和自然控制的能力，即所谓的'文明'"。[②]可以说，生态化就是文明的内容，是人类文化的内容。由此看出，要想形成对自然和自然生产力的理性态度，既不肆意破坏，也不盲目崇拜，就要具备开放的、多元的从而包容的和不断进步的社会文化条件。其

---

①《马克思恩格斯选集》第 1 卷[M]，北京：人民出版社，1995 年版，第 35 页。

② W，Aarts，J，Goudsblom，Towards a morality of moderation：Report.Amsterdam School for Social Science Research，1995.25.

次要有先进的政治意识统领的技术条件。当今社会既不是马克思时代阶级对立的资本主义社会，也没有达到"每个人全面自由发展的社会"，而是阶层分化，利益分野的社会。"技术发展的体外进化不是单纯的物质器官延长，而是具有感知、知觉、意向的过滤和选择，技术的扩展融入了社会、政治、经济、文化要素"。①技术进步毫无疑问是人类的福音，但是对于资本主义的技术运用不能过分乐观，因为最终将结出既不利于人的全面自由发展又不利于自然持续运行的恶果。科学技术及其运用需要从盲目冲动和感性认知中解放出来，这就需要改造自然运行的社会条件。必须让"伟大的社会革命支配了资产阶级时代的成果，支配了世界市场和现代生产力，并且使这一切都服从于最先进的民族的共同监督"，②也就是说，要使技术发展的目的性服从于先进的上层建筑。因此，处于进步的上层建筑管理之下的先进的技术运用是构建生态的社会伦理的又一个重要内容。

五、生态文明观念的美德伦理基础

美德伦理学是二十世纪五十年代以来英美学界掀起的一次伦理学浪潮，七八十年代达到高潮，至今方兴未艾，以 MacIntyre、牛津学派等为代表，主张复兴古代伦理观，即以是否拥有德性来判断行动的道德是非。从学理上讲，"美德伦理"指作为道德行为主体的个人在与其独特的社会身份和"人伦位格"（人在伦理关系中所处的地位）

---

① 李宏伟:《技术阐释的身体维度》[J],《自然辩证法研究》,2012 年第 7 期,30-34 页。
②《马克思恩格斯文集》第 2 卷[M],北京:人民出版社,2009 年版,第 691 页。

直接相关的道德行为领域或方面所达成的道德卓越或者优异的道德成就。"美德伦理"与个体的道德人格和道德目的有着根本性的内在价值关联，同时也与个体所处的特殊伦理共同体及其文化传统和道德谱系有着历史的实质性文化关联，因而美德伦理及其呈现方式总是"地方性的"、特殊主义的，历史的或语境主义的，甚至是道德谱系化的，而不是普遍(普世或者普适)主义的、非历史的或超历史语境主义的，更不存在任何可普世化的单一的美德伦理图式。当今中国的发展阶段，美德伦理与社会生存法则之间的矛盾比较突出，这主要源于中国近代以来缺乏思想启蒙与法理规制，因此像西方一些已经基本完成现代化和法治化的国家一样将美德伦理置于国家和社会层面，并不符合发展需求。因为当前突出问题是推进国家法治进程，完成现代国家治理体系的建设。但是这并不表示美德伦理是过时的或者过于超前的东西，就个人品德与行为而言，大力倡导美德伦理是当务之急。生态文明制度需要生态的美德伦理，这并不是乌托邦式的幻想，传统文化中可以从个人修为的层面提供丰富的生态美德伦理思想。

传统的道德秩序在"五四"之后面临全面危机，一度引起思想上的巨大震荡。至 1949 年后，历次改造运动、大批判运动将传统伦理体系基本摧毁，代之以新的道德价值观，而新的价值观主要表现以对组织的忠诚作为核心。至于落实到个人，如何确立个人的行为道德规范，如何处理不同状态下与他人、与群体乃至对国家、国际社会的行为规范，始终未有明确。在改革开放以前，人们被政治所高度集中和动员，人们的私欲也基本上被政治动员的社会价值所抑制。改革开放之后，发展商品经济和市场经济必然要承认并肯定市场经营、私人财产的正当性与合法性。在缺乏道德信条约束的状况下，就像潘多拉的盒子被打开一样，私欲像开闸的洪水那样狂泻而出。改革开放 30 年来，"效率优先、兼顾公平"的发展政策也在助长实用主义，市场快速发展、财富快速增加的同时，社会保障和司法公平却没有得到同步发展。道德状况恶化不只存在于市场经济领域，而是存在于整个社会。这已经是一个结构性的而不是单一领域的问题。道德状况恶化的主要原因是未能有一种符合当前社会经济发展状况的新道德体系来填补空白，而这种新的道德体系应当是每个社会公民都普遍认可并愿意遵守的公民道德。它不仅肯定个体合法利益的正当性，更应规范人与人、人与社会、人与自然之间的公共领域中的伦理价值，突出公民的责任意识。近几年来，社会主义核心价值观的提出和践行以及建设法治中国的深入推进正是从德治与法治两个方面出发重塑社会价值、重构个人美德的现实努力。

第二章　生态文明制度的伦理规制

用伦理规制制度不等于将伦理制度化，后者既泛化了制度的内涵，似乎一切东西都能装进制度的套子里，又将伦理庸俗化、机械化，淹没了伦理道理自我调适与不断完善的特质。应当视伦理与制度为两个本质不同的社会规范体系，各自既有其功用又皆有局限性，不能指望凭借其中一种就能完全解决社会文明进程中的诸多问题，"使用道德词汇永远以共同具有某种社会制度为先决条件"。①但是作为两种主要的规范体系，互相补充有机结合后的社会规范系统会为人类走向新的文明阶段提供管理思路与手段。同时，由于伦理较之于制度是内化的、自在的甚至是超越的，因此更具有本源性。生态文明制度的伦理规制同样不能简单机械地理解为生态伦理的制度化，而应当用不断调整完善的生态伦理来规定制约生态文明制度。并且由于生态文明不是单纯"生态"的文明，而是人类发展的新阶段，是一种新的文明形态，具有以往文明的一切制度要素，因此生态伦理的规制对象就不应局限于经济制度，而应拓展深化到政治制度、狭义的社会制度以及文化制度等。

---

① [美]阿拉斯代尔·麦金太尔:《伦理学简史》[M],龚群译,商务印书馆,2010 年版,第214 页。

一、生态文明制度规制的伦理原则

中国生态文明制度建设要符合当前中国国情又要有前瞻性的长远规划，伦理原则的确定可以从观念这一根本层面对制度建设加以匡正和指引。当前中国仍然是并且将长期是发展中国家，发展仍然是相当长一个时期的首要任务，民生福祉必须首要考虑，以民生为本进而以人为本是必须坚持的伦理原则；当前中国贫富差距扩大趋势并未完全遏制，不能恰当体现社会主义制度的优越性，更是超越工业文明进入生态文明的重要障碍，公平正义是当下及未来制度建设的重中之重，以人际正义为目的的生态正义是必须坚持的伦理原则。生态文明制度是充分发挥人类历史上各种文明形态中优越性的新的文明形态，不仅具有传承性并且必须是可持续的，涵盖了人与自然的双重可持续性是必须坚持的伦理原则。

（一）以人为本的原则

以人为本是一个关系性理念。就生态文明制度建设而言，以人为本就是指在人与自然关系中从人的根本与长远利益出发实现与自然的和谐共生，即为了人类，必须保持人类赖以生存的生态环境的持续、平衡、良性的自在能力。首先，人的发展是核心。在马克思看来，历史进步是社会发展和人的发展相统一的过程，而整个过程都是在自然界中进行的。他明确主张要从实际生活中现实的人自身出发，亦即把进行生产劳动的人或在自然中与自然发生物质交换的人，当作其理论的出发点。进而，每个个体发展自身的历史汇合起来形成了人类发展史，而未来理想社会要实现每个人的全面自由发展，并以此为社会运行的基本准则。其次，人的自由和全面发展是文明的标志。以人的发展为尺度考察社会的发展，是马克思环境伦理思想的基本观点。马克思从人的发展角度把社会进步概括为三个历史阶段，一是人的依赖关系占统治地位的阶段。在这一阶段，个人没有独立性，直接依附于一定的社会共同体。人对自然表现为无知的敬畏甚至神化。在这种原始的社会关系下，无论个人还是社会，都不能想象会有自由而充分的发展。二是以物的依赖关系为基础的人的独立性阶段。在这一阶段，形成了普遍的社会物质交换、全面的关系、多方面的需求以及全面的能力体系。但由于社会关系以异己的物的关系的形式同个人相对立，自然也以异化的形式成为劳动的对立物，人的发展依然受到劳动异化和自然异化的束缚和压抑。三是建立在个人全面发展和他们共同的社会生产能力成为社会财富这一基础之上的自由个性阶段。在这一阶段，社会关系不再作为异己的力量支配人，而是置于人们的共同控制之下。自然与人不再对立，而成为一个共生共荣的有机整体。人们将从自觉、丰富、全面的社会关系中获得自由、全面的发展。在这里，马克思把人的全面发展作为人的发展的最高阶段，并认为这一阶段人的发展与自然的可持续性和社会关系的全面性相联系。

党的十六届三中全会首次从国家发展的层面提出了坚持"以人为本"，就是要尊重人、理解人、关心人，就是要把不断满足人的全面需求、促进人的全面发展，作为发展的根本出发点。这是从国家层面提出了政治管理与民众赞同的价值观、利益观和民众为之付出的代价之间所蕴涵的伦理关系。十八届三中全会将"生态文明"作为社会全面发展的"五位一体"之一，对"以人为本"的理解就要赋予更新的环境伦理的意义。"以人为本"必须包括以人的环境感受和生态幸福度为本,解决发展中出现的水土流失、土壤沙漠化、资源浪费、城市缺水、空气、土壤和水污染等一系列问题。

(二)生态正义的原则

公平正义是人类社会不懈追求的理想,是衡量一个国家或社会文明的标准,因此生态文明建设必须确立生态正义理念。正义为正当公平之意,是指社会的一种基本价值观念与准则。正义与一定的社会基本制度相联,并以此为基准,规定社会成员具体的基本权利和义务,规定资源与利益在社会群体之间、社会成员之间的适当安排和合理分配。生态正义指在处理环境保护问题上,不同国家、地区、群体之间拥有的权利与承担的义务必须公平对等,体现了人们在利用和保护环境的过程中,对其权利和义务、所得与投入的一种公正评价。生态正义的实质是基于人之差异性与同一性相统一的社会正义,它从权利和义务相互对称的角度,强调不同的国家、不同的地区结成的是有差异的共同体。

罗尔斯的正义论有两个特点,可以为当前生态文明制度的伦理原则提供佐证。一是其终极性,即正义原则是普遍的原则,适合于任何社会之中,不随社会环境的变迁而变化。所以罗尔斯指出,他的正义原则同时适用在资本主义制度和社会主义制度。二是其前置性,罗尔斯的正义原则是制度前的原则,即它是在具体社会制度选择之前已经存在,社会制度的选择必须要遵循正义原则。因此各方在正义原则达成一致之后,才开始运用正义原则选择他们要建立的社会的各种制度。因此,不管制度具体如何,它要体现制度前的正义原则,否则是不正义的，应该受到人们指责甚至废除。中国正处在各种制度构建的大转型时期，正义原则都是必须要体现和遵守的。

马克思自然观分析得出，生态正义根源于对人、自然及人与自然关系的理解。由于人具有类、群体和个体三种存在样态，相应地，生态正义也有不同的实现形式。既要求世界各国无论大小贫富，在符合国际公约的基础上，在开发、利用自然资源，获取本国应有的环境利益以满足社会需要方面享有平等的权利；也要求一国内部的人们在利用自然资源满足自己利益的过程中遵循机会平等，责任共担，合理分配、补偿的原则，平等地享有环境权利，公平地履行环境义务。"马克思认同人类需求的增长与生产力的增长"，[①]同时，正义是他思想的伦理至善，这一点更表现在他的"生态正义"思想中。首先要倡导人与自然之间的正义，也就是重新定位自然价值，否定在自然面前人的无限能力。共同的世界是由有生命的和无生命的事物共同组成的，它们都是自然的创造物，都有自己存在的价值与尊严，都有期望一种符合自己存在的发展方式的权利。因此要给共同世界以尊严，也就是给人类自己尊严。这种要求属于环境伦理的较高层次。马克思在一百多年前就批判了资本主义生产对土地的破坏，在他看来，资本主义条件下的工业和农业一道既破坏人的自然劳动力，又破坏自然本身的自然力，让人贫弱衰竭，让土地贫瘠不可持续。不尊重自然价值，忽视自然权利的发展带来的会是人的价值与权利的丧失，发展的可持续也会成为镜花水月。只有将自然价值置于与人的价值同等甚至略高的地位，在

---

① 20Jonathan Hughes,"Ecology and Historical Materialism".Cambridge University Press. 2000.45。

实现人与自然公平的同时，才能持续地体现人的权利，实现人的价值。

（三）可持续发展的原则

不应该只在发展的层面上理解可持续，这必然导致谬误。工业化在带给世界浮华繁荣的同时，也让可持续发展理念沾染上了共同的劣习：单向度的盲目片面，经济至上带来的幸福感下降，以及效率优先对人的整体性的戕害。从更深入的意义上理解，可持续应当是一种人类在全球范围内实现生态正义的伦理规范，同时以社会价值观和社会制度的形态表现出来。马克思在《资本论》中多角度地表达了他的可持续思想，对今天树立新的可持续发展伦理原则很有启示。从更高的社会生态观点来看，社会、国家，或者是同时存在的所有社会放在一起也不能拥有这个地球。他们仅仅是所有者，是受益者，而且作为良好的家长，以改良的状态把它遗留给下一代。他认为，人类与生产必须建立更加彻底的可持续发展关系，以符合我们现在将之看待为生态学的而非经济的规律。①

传统的可持续发展作为一种发展范式得到世界各国认可，是在布伦特兰的报告《我们共同的未来》正式给出可持续发展的主流定义之后。由于西方近现代以来的发展是建立在人与环境主客二分或者说是人类中心主义的理念基础之上的，也恰恰是这种传统理念带来了世界资源的枯竭、生态环境的恶化、经济发展缺乏动力等一系列现代性症结。可持续理念就是西方学界、政界在西方发达国家工业化和现代化

---

① 参见[美]约翰·福斯特：《资本主义与生态环境的破坏》[J]，董金玉译，《国外理论动态》，2008 年第 6 期，53—57 页。

进程受到多种因素阻滞的情况下提出来的，本意旨在解决人类中心主义带来的弊病，然而，由于该理念的实质是在认可西方工业化发展价值的基础上为了寻求西方持续现代化的发展道路并推动全球现代化进程的逻辑表达。因而，本应提供全新的人类发展范式的可持续发展理念被现代性误读了三十多年，使得原本旨在摆脱"人类中心主义"的可持续发展理念总体上依然没有超越人类中心主义的狭隘视域。人化自然的属人价值、从时间和空间两方面应该关注的环境公平等问题时常在"人"这个唯一能动的主体追求经济利益最大化，追求最发达的现代化的过程中被边缘化甚至被完全丢开。这就造成了发达国家已经开展了几十年的绿色运动只是让极少数人群短期受益，发展中国家或不发达国家重复走着先污染后治理的发展老路，承担着过高的发展与环境成本。总体上，全球性环境问题日益严重，人类整体生存的持续性受到极大挑战。经济社会与自然环境的和谐共生、双赢互利迫切需要传统可持续理念的转向，从而指引人类走出一条真正可持续的发展道路。

古人说"师法自然"，自然系统的最大特点就是新陈代谢持续不断，人类社会也要向自然生态系统学习，才能真正持续发展。在新的可持续理念引导下将有"一个绿色繁荣的世界，这个世界没有贫困和愚昧，没有歧视和压迫，没有对自然的过度索取和人为破坏，而是达到经济发展、社会公平、环境友好的平衡和谐，让现代文明成果惠及全人类、泽被子孙后代"。①

1. 新的"可持续发展"是以"可持续"为中心的发展。马克思研

---

① 温家宝 2012 年 6 月 20 日在巴西里约热内卢世界可持续发展大会上的讲话。

究发现，农业的大规模集约化发展前提是土地和农民具有可持续性，而资本主义单纯追求发展，因此资本主义的规模农业不会发展出土地和农民的可持续性。不仅是农业，工业生产也是如此，资本主义让自己的产业大规模地发展起来了，但是却极大地破坏了森林等自然资源的状态，更别提对自然资源的修复和保护以使其具有可持续的性质了。以发展为首要且唯一目的的社会范式显然无法体现可持续发展理念的本质内涵。单纯的追求发展将导致"持续的增长，包括经济增长在内的所有类型的增长"，这是"违背自然法则的，终将趋于停滞"。[①]以货币交换污染权，再以污染换货币的发展模式最早出现在资本主义工业化初期，但是，这种以所谓"私有产权"为主要特征的新制度经济发展模式已经受到西方的普遍质疑与扬弃。除非发展的需求被合理抑制，否则任何社会管理的进步手段或具体技术进步的良性影响都注定要失败。[②]当可持续发展战略被提到国家政策层面时，其实就是给"发展"加上了"可持续性"的限制，就是淡化了发展的中心词地位。经济发展，必须与人口、资源、环境等自然因素统筹考虑，不仅要安排好当前的发展，还要为子孙后代着想，为未来的发展创造更好的条件，决不能走浪费资源和先污染后治理的路子，更不能吃祖宗饭、断子孙路。

2. 新的"可持续发展"是以"生态整体可持续"为重心的发展。可持续发展理念并不是一个全新的概念，因为它在农业中的根源可以上

---

① [英]E.库拉：《环境经济学思想史》[M]，谢扬举译，上海：上海人民出版社，2007年版，第173、177页。

② 参见 Jonathan Hughes，"Ecology and Historical Materialism"．Cambridge University Press.2000.P44。

溯到 18 世纪末的圈地运动。①一直到现在，它更多地被用于描述经济的一部分或全部的可持续增长，从农业、渔业、林业到整个经济活动领域。这种对经济可持续的乐观态度源自相当长时期以来资源不竭和技术万能的乐观论调，然而，当今社会的状况应该已经摧垮了这种盲目乐观的基石。飞速进步的科技不能延缓臭氧空洞的扩大，不能复原灭绝物种存在时期的繁荣生态。盲目乐观是再也行不通了，经济可持续的维度本身由于其片面性就不可能持久实现，生态整体可持续既有可能性又有必要性。"在生态利益和经济利益之间存在冲突之时，环境的稳定化比经济发展要有优先地位。凡是一种文明化的措施对环境的影响存有疑惑之处，为了有利于可持续性要以那些对环境作出了更严重后果的预告为出发点"。②

首先，经济可持续的首重地位应予质疑。一味地倚重经济的持续增长，必然导致对自然产品攫取使用的不断升级，资源能源的持续减少将导致各种自然产品供应价格的持续上涨，人民生活负担加重，面对丰富甚至过剩的社会物质财富支付能力日渐降低；更令人担忧的是，经济可持续的首重地位还必将导致生态环境的持续恶化，生态难民不断增加，在这种情形下，经济持续增长带来的满足感早已被对当下生存环境改善无望和未来生存空间被挤压的担忧所替代。马克思在分析资本主义劳动异化情况时就发现这样的问题，工人的生产与消费成反比，他创造的使用价值和自身具有的价值成反比，自然外化于工人并

---

①　[英]E. 库拉:《环境经济学思想史》[M]，谢扬举译，上海:上海人民出版社，2007,177。

②　[瑞士]克里斯托弗·司徒博:《环境与发展:一种社会伦理学的考量》[M]，邓安庆译，北京:人民出版社,2008 年版，第 349 页。

奴役着工人。在社会主义生产方式下，劳动与人发生异化的情形必须避免，这就要对经济可持续的首重地位加以改变，在经济持续增长与人民幸福感增进之间做出明智的抉择。一味强调经济可持续的维度在带来社会财富普遍增加的同时，形成深层次的财富享用的不公正与生存环境的不公正，人民广泛的担忧与不满情绪必定导致可持续发展成为空谈。

另外，生态整体可持续是经济可持续的必要条件。当人类发展出现了经济与环境的冲突之后，乐观气氛始终延续，对自身科技进步的信心，对经济增长的信赖，让人类长期将环境的可持续列为可以掌控的范畴。然而，随着人类能力日益增强，对环境施加外力的广度与深度日益拓展，环境的不可修复性也日益显现，"自然的报复"让人类在环境面前变得越来越无所作为。经济的发展，科技的进步换不来人类生存环境的持续良好，这一点勿庸置疑。而环境如果始终处于可修复的使用中，就可以"靠消耗最小的力量，在最无愧于和最适合于他们的人类本性的条件下来进行这种物质变换"，[①]这样就可以为经济运行提供源源不断的生产资料，为人类生活提供生机勃勃的生态环境，使人类社会在物质财富适度够用的情况下保持生态良好的发展态势。可见，以环境可持续维度来补充经济可持续维度是解决人类发展积疾的关键所在。生存质量中一大部分与环境的优劣相关，从基本的食品安全、饮用水质、空气质量到绿地面积、休闲场所等精神享受，还有更高层次的环境带来的美学价值等等。

自然界作为"人的无机身体"其价值日渐重要，其内涵日益丰富，

---

①《马克思恩格斯全集》第 25 卷[M]，北京：人民出版社，1974 年版，第 927 页。

对环境的保护应成为可持续理念的另一重要维度。当经济生活中，效率与公平的矛盾突显时，二者兼顾，公平优先是明智选择；那么在社会整体运行中，发展与环境的矛盾面前，二者并重，生态环境优先才是明智之举。因为与市场具有追求效率的本性一样，社会财富的增长与整体发展也是社会运行的固有追求，而环境保护与追求公平一样则不是自然发生的，是需要有理性思维能力的人有意识地去推动实现的。但是，正如社会公平是人类社会长治久安的重要保证一样，环境保护工作的扎实有效才是人类发展可持续的前提和动力，它保证了自然资本储备总量的相对稳定，特别是臭氧层、碳循环、生物多样性以及其他的对人类生存具有决定性的紧缺资本不被消耗殆尽，这些显然是发展所必须的先决条件。如果硬要从属人的价值来看待的话，失去发展效用的环境至少还可为人类提供更高层次的精神享用价值，然而失去与人友好的环境，发展将无以维继，生态整体可持续包涵了人的生存的可持续。

3. 新的"可持续发展"是以公平为重的发展。布伦特兰的报告在可持续发展定义之后还提到可持续发展"包括两个重要的概念：需要的概念，尤其是世界上贫困人民的基本需要，应将此放在特别优先的地位来考虑；限制的概念，技术状况和社会组织对环境满足眼前和将来需要的能力施加的限制"。[①]在传统的可持续发展中，这两个作为补充的却是实质性的概念往往被忽视，表现在科技、管理、政治等能力被无限放大基础上对生态正义和资源公平的忽视。这就造成当前的现

---

① 王之佳，柯金良等译，《我们共同的未来》[M]，长春：吉林人民出版社，1997年版，第52页。

状：尽管可持续发展已经成为许多国家多年来公认的执政理念，却不能根本缓解日益严重的全球性问题，比如生存环境恶化，自然产品数量和质量退化，人口增加与粮食等非自然产品产量相对不足之间的矛盾，国家之间、地区之间贫富差距扩大，世界上处于半贫困或贫困状态的人口数量有增无减等。追溯世界总体可持续发展中没有发展出共同利益的原因，就会发现不论是国家内部还是国家之间，都存在忽视生态正义、经济正义和社会正义的问题。如果能做到发展与公平并重，就会从每个人过得更好的角度来考虑发展和环境问题，就降低了追求共同利益的难度。当今世界要解决现代化建设中出现的种种问题，特别是中国要建设生态文明就要确立发展与公平并重的新的可持续伦理原则。

二、正义：政治制度的生态伦理规制

正义本质上是一个政治性概念，统摄了自由、平等、民主等政治道德规范，可以视其为政治制度追求的"首善"，同样是生态文明政治制度基础的、根本的伦理规制。生态文明社会比以前一切社会形态更注重自然环境共时态与历时态存在对人类生存的影响，因此其政治制度要求实现的正义有更广博与深邃的内涵。

（一）生态正义是生态文明政治正义的应有之义

生态正义不只是一种理念，而是与人类历史进程相伴随的一种生存实践。工业化以前的人类社会，人与自然之间自发地呈现出共生共存的状态，人的活动强度与范围都极其有限，基本不能影响自然生态的新陈代谢，人的需要与自然的繁衍和平共处，尽管那时政治制度基本没有生态考量，原始的生态正义自然达成。但这是没有政治正义的生态正义，是无意识正义，对社会政治制度进步没有意义。工业革命以后的资本主义时代特别是资本原始积累阶段，社会发生了巨大的变化，政治制度的存在与演进完全被资本所主宰。资本不断扩张和逐利的本性首先使农村成为城市的附庸，并不断扩大战果，先使发展较慢的国家沦为发展较为完备的国家的附庸，进而让这种情况发展到不同性质不同地域的国家和民族之间，并最终让整个世界呈现出不公正的状况，东方成为西方的附庸。曾经在世界性的农耕时代自在存在的正义被彻底打碎，生态非正义成为这一历史发展阶段人类社会的常态。通过扩张和掠夺，资产者不容许一切自然存在物的分散状态，包括物品、资源、货币甚至人口，并最终将他们集中起来为少数垄断者所有。而资本家只肯从腰包中掏出极少的工资给工人，也只是为了维持工人这一代和下一代的基本生存，以保证他们始终有足够的劳动力可用。

唯物史观在批判土地私有制的时候指出了对自然资源的垄断是应当摒弃的实践与道德障碍。垄断对于自然实践的第一个弊端就是道德缺失。在马克思看来，土地是极其重要的人们生存的基本资源。而人们对于土地的不道德伴随着他们对于土地的行为，首先是早期对土地的占有，不是全体所有，而是少数人垄断了对土地这种自然资源的所有权，使大多数没有土地的人丧失了基本的生存权，显然是不道德的。然后就是售卖土地，那小部分土地的私有者将出卖土地作为获利的手段，实际上就是出卖了自己和没有土地的人的无机身体，同样是不道德的。垄断造成了在使用自然产品和自然资源时的不公正，产生了生态非正义。而资本主义条件下的雇佣劳动首要的特征就是劳动者与劳动工具相分离，劳动工具也被少部分人垄断拿来作为统治别人，掠夺他人精神快乐和物质财富的工具。人们的劳动是在被逼迫被剥夺的状态下进行的，心情沮丧效率低下。垄断对于自然实践的第二个弊端，即效率低下，如此势必造成针对自然的投入产出比不高，从而过度消耗自然，出现不可持续的态势。

这种非正义的状态持续着，尽管在当今世界发达资本主义开始向后工业时代转化，资本主义社会的调整与修复能力被迫提升，但是资本逐利的本性使得这种政治制度不能自觉地消除生态非正义，只是把非正义从自己国家转移扩散到了世界范围。因为资本发展的真实任务不是消除非正义，而是建立世界市场和发展世界性的市场化生产。生态正义得以自觉实现的社会阶段才是人类理想的生存方式，正如逻辑进程的"正反合"一样，生态文明就是人类文明进程中的"合"，对应于马克思关于社会阶段划分体系中的"共产主义社会"，到那时，人类社会的政治制度应当是让人们的自觉性不仅在面对人，而且在面对自然时都得到前所未有的张扬与释放，每个人得以自由发展，从而所有人得到自由而全面的发展。生态文明通过前所未有地解决人与自然的矛盾即实现生态正义而第一次真正全面解决人与人之间的矛盾即实现政治正义。

集权制度对于自然合理利用具有阻滞力量。古代各个文明时期都自发形成了对于自然资源共同节约使用的实践形式，例如用泛滥的河水带来的泥沙增加土地的肥力，将涨起的河水抽来灌溉农田等。但是到了工业化时代，这种合理使用自然的方式更多地受到社会制度的影响，西方民主国家对具体事务的干预很少，因而企业可能由于共同利益而联合起来实现对自然的共同节约使用。但是当时的东方国家主要是印度和中国，都是中央集权的政府，自由联合的意愿和实践都很难达成，几乎所有的对自然的行为都需要中央集权的政府进行安排规划，自主性和实现程度都很低。比如"中央政府如果忽略灌溉或排水，这种设施立刻就会废置"，造成"大片先前耕种得很好的地区现在都荒芜不毛"。①集权使人与自然的关系被少部分人的意志和利益左右，自然生产力往往不能得到理性对待。

从科技与环保的关系也能看出先进社会制度的价值。唯物史观一直重视科技进步对于环境保护与改善的重要作用，并且认为科技的进步不是凭空产生的，同样基于社会制度的进步。"环境就是一种生境，什么样的生境决定适合生长什么样的技术，每种技术都生存在特定的生境中，任一脱离生境的技术在现实中是不存在的"。②马克思本人对于科技的推动作用给予历史性评价，在批判资本主义生产方式对于人和自然之间物质变换的割裂的同时，又承认资本主义生产把人们集中在城市特别是工厂中也是在积聚推动社会进步的动力，物质变换自发的不可控制的形式首先被打破了，作为调节社会生产的一种规律的地位得到确证，并且逐步调整为一种促进人的充分发展的实践形式。确实，随着资本主义生产方式的深化，对生产、生活以及消费废弃物和排泄物的再利用规模也在不断扩大。科技愈发展就愈加内化于人，内化于自然，内化于物质变换过程之中，变得不可分割。在物质变换的过程中，它对生态系统的作用以及必要的社会建制和秩序调整之间形成了一个可反馈的回路，其中"生态环境处于基础层级，生产和消费

---

① 《马克思恩格斯文集》第 2 卷[M]，北京：人民出版社，2009 年版，第 679-680 页。
② ［美］史蒂夫·鲍尔默，技术生态系统，http://www.csia.org.cn/sinosofy-ware/files/mews-files.html.

处于协同进化的中心层级，技术、制度和世界观代表了边界条件"。①可以说，先进的科技发现及运用需要进步的社会制度条件，而前者是生态文明社会状态的重要促进因素与内涵特征。

（二）代际正义应当成为生态文明政治正义的重要关切

代际正义考量的是当代人和后代人之间如何公平地分配现有的和可能存在的各种社会资源和自然资源，如何享有和传承人类文明成果的正义问题。迄今为止，人类已经开足马力进行了数百年的工业化发展，后发国家也有几十年的工业发展史了，人类拥有的自然资源在不断减少，有的已经枯竭或者接近枯竭的边缘。作为超越以往一切文明形态的生态文明正是诞生在这样一个并不富足的自然背景下，有限的自然资源储备要求必须有代际正义作为其政治制度的伦理规制，代际正义必须成为其政治正义的重要因素。代际正义要求在"与正义的储存原则一致的情况下，适合于最少受惠者的最大利益"，②未来一代极易成为事实上的最少受惠者，而这在伦理上是应当避免的。人们开始考虑代际正义的问题对于伦理学研究是个转折性的事件，因为在新的代际视域下，原先好多成立的伦理原则道德关系变得不成立了，但是一旦认识到有代际正义的范畴，如果还将之搁置不理，对于正义的伦理学考察就必定是不完备的。因此生态正义必须将代际正义置于其中。

---

①Matutinovic："Worldviews, Institutions and sustainability: An Introduction to a Co-evolutionary Perspective", International Journal of Sustainable Development and World Ecology. Vol.14, No.1, 2007.

②[美]约翰·罗尔斯:《正义论》[M],何怀宏等译,中国社会科学出版社,1988 年版,第 7 页。

自然生态的整体性揭示出代际正义缺失导致的后果：即使在当代，资源受益群体可以独善其身，然而资源分配不公平带来的资源滥用与环境破坏终将造成整体生存环境的恶化，生活在一个地球生态中的人们必将在下一代或某一代共同品尝苦果。

代际关系尽管表现的比较特殊，但是从物质生产的视角入手仍然可以合理地理解与对待。人类既缺席又在场，既是代理人又被代理着，既生产着当下，又传承着未来。每代人要对未来世代的人的生成存在认同，一方面人们可以从切实可见的后代身上实现情感认同，另一方面又可以借助智慧的头脑对后代的未来存在获得理性认知，从而逐步实现通过自身感知未来的世代。在代际正义中最应当避免历时性的伦理价值判断，因为这是违背正义原则的。只因为自己在时间上在先，就认为有优先的生态权利，从而利用时间优势来增进自己的权益。就个人而言显得太不理性，就社会而言就会表现出非正义的状态。因为未来的人不可能参与今天的决策，他们的环境权利被当前世代的人剥夺了。具体而言，就是需要确定代际正义恰当的环境"储蓄率"，就是指每一代人所面临的本代人应当消耗自然资源的数量与本代人应为后代人积累自然资源的数量之间的比例问题。

如果说自然资源的日益匮乏是代际正义发挥其伦理规制作用的客观原因，相对平等的政治制度就是实现代际正义的主观原因。所谓"相对平等"就是形成一定的政治制度以实现符合每个世代实际状况的正义储存原则。在资源储备相对丰富而社会发展水平低下的时候，政治制度要纠正那种完全利他的储存原则，使生产力得到适度发展，在当代人获益的情况下适度考虑后代人的需求，这就是达成了正义；当生产力水平得到相当程度的发展而自然资源进入衰竭周期时，因为当代人已经获得了更多的生态利益，后代人的生存需求就要更多地纳入政治制度的考量视野，此时要纠正那种完全利己的正义储存原则，这同样是达成了正义。同时应当认识到，代际正义与当代正义并无明显界限，不仅是因为每一代的"在场"，同时也是上代人未来世代人的"在场"，也是未来世代人上代人的"在场"，更因为代际正义的实现是当代正义实现的必要保障，这主要归因于政治制度的持续性与未来效应。政治制度是需要不断调整以适应整体社会发展的，但是总体上的持续性又是政治制度必需的特征，通过调整不断找到平衡实现持续正义的伦理目标才是"善"的政治制度。当代正义绝不可能只在当下实现，否则政治制度就失去了平衡，势必会做出调整以追求延续性的世代正义，以达成政治正义。可见，以正义作为生态文明政治制度的伦理规制，代际正义是至关重要的。

（三）全球正义方能体现生态文明政治正义的整体要求

生态文明的社会形态可能先在一国产生，但是最终会成为全人类追求的文明形态，在全球范围内普遍实现，因此生态文明政治制度追求的正义必然是全球正义。以往一切政治制度都没有将全球正义作为其伦理规制，但是它的发展过程培育着全球正义的种子，殖民政治制度就是典型例证。十九世纪的西方，"强权即公理"已由文化霸权上升为意识形态霸权，殖民化成为资本主义生产方式在自己国家之外世界范围内展现和发展自身的最佳选择。由于资本的无限扩张冲动和全球性生产体系的强制推行，资本主义生产方式原先在本民族内部的反生态性也扩展成为一种普遍的、全球性的生态破坏。资本主义对殖民地区和国家的侵略不仅表现为资本的全球侵略，同时以强行转嫁的方式表现为生态环境遭到全球破坏的"生态帝国主义"。同时，与落后国家存在的各种原始和封建的制度相比，资本主义中心国的生产方式和社会文明无疑是先进的，殖民统治者们在世界市场上追求最大程度的垄断利润的同时，不得不修筑铁路、开办工厂、传播文化、引进现代科学和教育，从而不自觉地承担了为新世界创造物质基础的历史使命，并且不自觉地创造了有益于进步的精神世界。这样，殖民制度一方面将一国内的非正义扩展为全球非正义；另一方面促进了世界整体文明进步。当客观条件具备时，事物往往在其对立面上发展起来。当人类发展到一定文明程度时，就会发现曾经的模式如同个人私有制和国家私有制一样不可理喻。全球正义必定是在否定全球非正义的基础上才能实现，生态文明这一新的社会发展阶段就是对全球非正义斩钉截铁的否定，其政治制度必然包含了全球正义的伦理追求。

三、可持续：经济制度的生态伦理规制

1987年世界环境与发展委员会在《我们共同的未来》报告中第一次阐述了可持续发展的概念，20世纪90年代，中国政府也将可持续发展战略纳入了国家经济社会发展规划。这个概念本来是西方国家反思自身发展，并做出积极调整而提出的，但是其中的核心内涵对寻求全人类长远发展模式具有积极意义。经济制度受到"可持续"的伦理制约是其中重要的甚至是基础性的组成部分。

（一）生态可持续是经济可持续的基础

当代经济的主流表现仍然是市场化，自由主义、经济收益最大化是市场经济的自在目标。即使遭受了一次次经济危机、金融危机，完全市场属性的经济制度也不会对初衷做丝毫本质改变。由于生态文明社会中，发展是为了人们生存的幸福感，经济增长只是其中基础性但非决定性的指标，并且很大程度上依赖于自然生态的持续供给。因此，生态文明的人类发展阶段才能从根本上克服市场经济信马由缰的弊端，不再舍本逐末，而是把生态可持续视为比经济可持续更基础的因素，用"可持续"作为伦理约束来规制经济制度的研究、制订与调整。

生态可持续可以从几个方面实现，一是发展生态经济，此类经济运行过程中对于生态环境不造成污染和破坏，它是以自然生态为生产对象，生产方式是绿色洁净的，通过审美等精神层面的价值来创造效益。这种经济发展模式与生态保护模式是一体两翼。时间上可以长期保持，甚至日益繁茂丰富；空间上可以容纳存续，并且不断充实完善；利用率上则是高效的、不浪费的。二是发展循环经济。循环经济用工业化、农业化甚至高科技等的运用来加工自然资源或劳动对象，与生态经济不同，在此过程中会有各种废物产生，对于废气、废水、废料的再加工处理以及重复利用是循环经济的亮点。这种经济模式一定程度上缓解了现代化高速发展带来的全球资源短缺的严峻局面，首先从心理层面让人类对自身发展未来充满信心，更从实际运用的层面切实延缓了环境污染，生态破坏的进程，由于提供了可资利用的三废原料，同样的经济收益就减少了对地球不可再生资源的使用，使生态可持续成为可能。三是发展低碳经济。如果说前两种从更加宏观的方面着眼于生态可持续的话，低碳经济着重的是更具体的方面，集中于经济发展过程中减少碳排放，让大气中的温室气体含量稳定在一个适当的水平，避免剧烈的气候改变，减少恶劣气候对人类造成伤害的机会。这样一个具体指标要求有一个全面的低能耗、低污染为基础的经济发展体系才能达成，包括低碳能源系统、低碳科技体系和低碳产业体系。可以说要有一个低碳理念支持下的经济制度体系。当经济制度主导下这三种经济方式充分发展起来，生态可持续就可以实现。

（二）长远看来，公平比效率更有益于经济可持续

公平是一个历史性范畴，不同历史阶段，不同社会群体对公平有不同的理解，公平又是一个客观性范畴，因为它总是一个时期社会存在的反映，经济发展就是社会存在的组成部分。因此，公平与否，公平程度的高低很大程度上取决于经济发展情况。因为生态文明肯定摒弃生产力低下时所谓的共同贫穷，而追求生产力高度发展，物质和精神财富有相当积累情况下的公平，或者说前者为高层次公平提供了可能性，但是可能性没有外力作用是不能自觉成为必然的，社会财富极大丰富也不会自发生成公平正义，生态文明的社会发展阶段就是要建立保证这种高水平公平得以实现的经济制度。反过来，高层次的公平保障了社会经济的可持续性。要实现高水平公平就要求有包容性经济制度的创新与完善以实现包容性增长，包容性增长寻求的则是社会和经济协调发展、可持续发展。与单纯追求经济增长相对立，包容性增长倡导机会平等的增长，最基本的含义就是公平合理地分享经济增长，经济活动不是少数富有者的游戏，而是全民参与的制度性活动，以保障经济运行的可持续性。相较而言，效率是经济运行的本质，无需外力，市场和资本逐利的本性始终在追求投入产出比的最大化，包括降低时间、物质、人力等各种成本。似乎提高效率将有利于生态可持续，从而促进经济可持续。但是相较于降成本，高产出更具诱惑力，并且生

产的成本部分往往可以转嫁或者削减，而产出则实实在在地获得收益。因此，降成本经常不能转化为促进经济可持续的因素，而高产出的持续追求则消弥了经济可持续的动力。如此比较可见，当有一定的物质生产积累后，公平比效率更有益于实现经济可持续，应当成为经济制度"可持续"伦理规制的重要内涵。

公平的另一层含义就是公平分配有限的资源，这里就包括了代内公平和代际公平。当今世界"已经或者能够生产出养活每个人的粮食。人们还会挨饿是因为有的人买不起"，从这一点上看，"马克思对马尔萨斯人口论的批驳依然有力"，①由于自然产品的分配不公导致生态和社会的双重非公平。马克思一再强调谁都不拥有地球及其产品，每个人只不过是使用者，并且有责任保护好它们以便很好地传给后代。强调对自然资源的公平分配是出于对当今世界突显的不公平现象的担忧，这种不公平利用自然产品的情况将从多个角度促使形成人与环境不友好的局面。一是发达国家利用久已形成的经济甚至政治和军事优势，掠夺和过度开发使用发展中国家的资源和初级产品；二是世界上将近60%的贫困人口由于就业、温饱、债务等生活压力，用过度开发环境和资源作为谋生的手段；三是发达国家利用经济和政治强势，可以把发展产生的污染转嫁到发展中国家，这使得在他们在国家之外找到了廉价使用自然产品的途径，同样对地球资源总量和总体环境保护产生负面效应。不公平现象在我国地区间，同一地区的不同群体间都有一定程度的表现，地区资源和环境自然存在的差异造成的客观不公平并不

---

① Jonathan Hughes, Ecology and Historical Materialism". Cambridge University Press. 2000.57.

在我们讨论之列，由于阶层和群体的经济实力、政治角色和社会地位强弱与高下产生的社会不公平却应当予以重视，并加以克服。可见，生态公平既包括国内公平，也包括国际公平；既包括代内公平，也包括代际公平；既有共时性公平，也有历时性公平。

（三）辩证认识科技进步对于可持续的作用

科技是制约经济可持续的因素。科技的不断发展是否能够提供经济发展的不竭动力，抑或恰恰是对于科技进步的过分依赖，需要"可持续"的伦理要求去规制经济制度。当科技运用服从于资本不断增殖的价值规律时，科技导致的物质变换断裂就不可避免，这种断裂缘自技术扩张与环境承受二者增量的差异化，并最终阻碍经济的可持续。当科技的出现与进步远远小于环境可承载容量时，人与自然的物质变换可以持续进行，但是没有达到环境效用合理的最大化，人的自然力与自然的能力都有相当一部分处于潜在状态，未来发展空间巨大；当科技运用超过环境承载容量时，物质变换就出现断裂，环境的收支平衡被打破，环境效用处于透支状态，失去未来发展空间。在人类发展过程中，科技运用于环境的承受力始终没有能够处于长期平衡状态，农耕时代是前一种状态，而工业化进程一旦开启，便无可避免地进入后一种状态，并且越陷越深。所谓"后工业时代"倒是一种积极的尝试，却依然无力摆脱资本本性的纠缠。毋庸置疑，科技臣服于资本始终是难以达成最优发展状态的症结之一。正如马克思在《资本论》导论注释中所说："资本主义生产指望获得直接的眼前的货币利益的全部精神，都和维持人类世世代代不断需要的全部生活条件的农业有矛盾"。①正是在资本本性的支配下，科技不是服务于人的真正的、普遍的、自然的需要，而是一味地去追求交换价值，即利润，这必然导致人的异化，自然的异化，必然导致物质变换的断裂。

科技在人类文明序列中又有必要性。超越工业文明的生态文明同样是建筑在知识、教育和科技高度发达基础上的文明。只是在生态文明时期，强调自然界是人类生存与发展的基石，明确人类社会必须在生态基础上与自然界发生相互作用、共同发展，人类的经济社会才能持续发展。人类追求的不再是纯粹的发展，而是追求和谐，要求人类通过积极的科学实践活动，充分发挥自己的以理性为主的调节控制能力，预见自身活动所必然带来的自然影响和社会影响，随时对自身行为作出控制和调节。当科技实现了它的伦理学回归，科技的异化力量被彻底消除后，科技依然是人类文明持续进步的必须条件。用辩证思维去理解和运用科技，就能充分发挥"可持续"对经济制度的伦理规制作用。

四、和谐：社会制度的生态伦理规制

所谓和谐不是一团和气，不讲原则，而是伦理视域下的整体性诉求。无论从认识层面还是实践角度来看，用以规制狭义的社会制度都最为恰当。狭义的社会制度区别于广义的社会制度，后者宏观上指一个国家的总体社会制度，例如中国特色社会主义制度，具体地涵盖了一个国家的政治、经济、文化及其他的社会制度。狭义社会制度与社

①《马克思恩格斯文集》第7卷[M]，北京：人民出版社，2009年版，第697页。

会系统中其他制度体系并行，共同组成一个国家的社会制度，确切地说就是社会管理的制度系统，包括政府主导的、社会组织和团体自发的以及公民自治等三个层级的管理体系。生态文明社会中这三个层级仍将存在，但是政府将主要表现为服务而不是管制，群众社团管理将高度发达，公民自治也会依托群团、社区、家庭等平台高度发展起来。无论管理如何分级，社会制度最终追求的是和谐的伦理目标，因此，和谐成为社会制度的生态伦理规制。

（一）执中是达成和谐的伦理原则

"子莫执中，执中为近之，执中无权，犹执一也。"[①]所谓执中，一是指发自自身，持中庸之道，无过与不及，二是指对人对事当持平，不偏不倚。一人一事应当如此，推演开去，社会制度也应如此。说得直白些，便是不要干涉不该管的，但要做好该做的事，在社会管理的过程中，不能厚此薄彼，制度要有连贯性和一致性，以实现普遍公正。社会管理如何做到执中，一是在简政放权的同时政府的适度管理。二是要依法理制度办事。生态文明社会中的社会管理因为有了生态化的制度要求，执中更在认识和操作层面成为达成和谐的伦理原则。在认识层面，社会制度体系中自然生态作为基本的物态存在为体系所容纳，成为社会管理的对象性存在，如何使人与自然生态和谐，使社会与自然生态和谐成为生态文明社会管理的重要内容。不能由于自然生态的静默就忽视了生态话语的存在，因为无论它是否发声，它都在那里，

---

①《孟子·尽心上》。

"作为人的无机身体"①而存在并运行。社会管理中应当自觉地将自然生态作为社会整体的重要组成部分而将其规制其中，对人、自然、社会的制度规定应当体现公正原则，所谓"执中守正"，才能体现自然生态于整个社会制度的价值，保障生态话语权的实现，从而实现社会和谐；同时要注意到，由于自然生态本身具有客观规律，其发生、形成、运行、形灭都是自然存在的现象，因此人的活动和社会的需求都要遵循"执中"的原则，即适度。自然生态的存在一定意义上是因为人的存在，后者给予前者以定义，因此前者的价值一定程度上体现在为人所用，但是这不能剥夺自然生态本身的自在价值，并且其自在不仅保证了自然本身的存在与接续，而且保证了人的代际存续。因此自然生态对于人类社会的可用性必须在承认并遵守自然生态客观规律性的前提下才能充分发挥。因此要执中，要适度。具体到生态文明的社会制度，执中表现为既不可过，亦无不及；对自然生态的人为管理，执中则表现为宁可不及也不可过，这是由自然生态本身特性决定的，也是生态文明较之其他文明形态更为高明之处。

（二）和谐的社会关系是社会管理的终极目标

现代社会管理的主体不仅仅是政府，它还包括社会即企业、社区、家庭甚至个人。其根本目标和出发点是建立一个开放、自由、民主、公正、平等、和谐的现代社会，使每一个公民有充分的自由和权利追求幸福的希望和实现这种希望的机会。因此，社会制度的根本目标和出发点决定了我们会怎么思考这个问题，怎么提出问题，怎么解决问

---

① 《马克思恩格斯文集》第 1 卷[M]，人民出版社，2009 年版，第 161 页。

题，结出什么成果。在生态文明社会中，和谐的社会关系包涵了人与自然的关系。在社会制度中，政府、企业以及社区和家庭都应树立生态意识，担负起相应的生态责任。政府生态责任是指政府在社会发展中，科学考量生态环境的承载力，在促进社会、经济和人的全面发展的同时，所担负的保护和治理环境，诱导企业、公众和非政府组织多参与环境管理，保证生态平衡与协调发展的责任；企业生态责任指企业的环境责任，即企业在经济活动中认真考虑自身行为对自然环境的影响，并且以负责任的态度将自身对环境的负外部性降至最低的水平，努力成为"资源节约型和环境友好型"生态企业。企业不只是经济人更是社会人，因此对自然有不可推卸的责任，对市场有着决定性的生态责任，对公众有着重要的或者引导性的生态责任；依托社区和家庭还要体现公众的绿色责任。如何从这三个方面入手保障人与自然的和谐是生态文明社会制度要解决的问题。人与自然都是客观实在的物质，这就为人与自然关系在现实中的展开提供了唯物主义前提，而实践是促使这种关系在广度和深度上得以展开的现实力量。生态的社会制度建设就是良性的实践方式之一，当和谐成为社会制度建设的伦理规制时，通过制度建设，人、自然、历史、社会之间有机地联系起来。

五、自洽：文化制度的生态伦理规制

所谓自洽意指自成体系，自我适应，自我完善。着眼于自身却不代表拒绝外部文化，而是有极大的包容性与融合度，有极强的学习与调适能力。海纳百川为的是发现更适合自己的东西，为我所用，与传统融合且提升，实现动态自洽。生态文明时代是一个文化多元，异彩纷呈的文化繁荣的时代，拒绝别的国家、别的民族的文化注定是行不通的，但是又不能妄自菲薄，更要在吸收中保持民族性格，确立文化独立性。在保持自身文化自觉的同时，用优秀文化感染影响世界文化走向，并学习吸收其他文化的优秀品质，在更高层次上找到自己民族的文化自洽点。因此，自洽应当成为生态文明时代文化制度的伦理规制。

（一）文化与自然互为体用

文化在汉语中实际是"人文教化"的简称。前提是有"人"才有文化，意即文化是讨论人类社会的专属语；"文"是基础和工具，包括语言和文字；"教化"是这个词的真正重心所在：作为名词的"教化"是人群精神活动和物质活动的共同规范（同时这一规范在精神活动和物质活动的对象化成果中得到体现），作为动词的"教化"是共同规范产生、传承、传播及得到认同的过程和手段。文化内涵丰富，从器物、制度和观念三个方面涵盖了语言、文字、思想、习俗、国力等诸多内容。在此意义上，文化就是社会价值系统的高度概括，人类历史就是文化史，人类史与自然进程又具有高度相关性，因此，文化与自然必然互相影响，互为体用。

从传统意义上理解，自然为体，文化为用。人类因为与自然界的交往，使用工具，加工材料，从而产生了语言、文字等表征人类种群特征的文化器物，并且由于不断地与自然发生的物质交换，形成了具有诸多地域特色的生活生产习俗，并且由于生产劳动实践的深入，有了足够的物质财富，有了闲暇时间可以进行纯粹的脑力劳动，人类的思想得到长足进步，从而有了政治、法律等的文化制度，以及自然科学和人文科学甚至纯哲学、审美等的文化观念。可以说，自然提供了人类文化生成、丰富和持续演进的对象与动力。反过来亦然，文化为体，自然为用。因为自然价值要通过人的活动来体现，那种完全脱离人的自然是不存在的，因为那样的自然不可言说。正是因为有了文化器物，自然通过人们的交谈，优美的文字、形象的舞蹈、动听的音乐展现出深刻的内在价值，因为这种价值不是用物质可以衡量的，而是艺术的、美学的或者文学的价值，自然从深层次上成为人的自然。正是因为有了文化制度，自然被纳入人类社会系统中，成为文化产业链条中的一个环节。正是因为有了文化的观念，自然的价值才能深入人心。因此，公众生态意识得到不断强化，自然才能适度有效地开发利用，获得持续性存在。

（二）传统文化是文化自洽的根基

相较而言，中华文明是世界各大文明中惟一没有被完全阻断而基本以原样态传承下来的文明，这使中国传统文化成为新社会形态文化自洽的基础和源泉。自龙山文化起，有文字记载的中华文明已经有5000 年历史了。文化作为文明的载体植根于华夏大地，其形成与发展受到地域、政治、经济、科技等因素的影响。中国传统文化传承至今形成了以儒学思想为主导的，儒释道多元融合的复杂形态。由于相对安定、多样互补的地理生态环境，中央集权的等级政治制度，自给自足小农经济主导的经济发展模式，注重实用、丰富多样的科技发展样态，中国几千年文明走出一条完全不同于西方的文化发展道路。历史上中华民族就对自己的文化有强烈的向心力与归属感。在西周时期，中华先民便产生了"非我族类，其心必异"的文化心理特质上的自我确认观念。苏武牧羊遥望南方、文天祥"不指南方死不休"、土尔扈特回归……无不是中国传统文化强大向心力、凝聚力的证明。这种凝聚力，是中国文化强劲生命力的源泉和保证。尽管当今中国已经走上了现代化和工业化的道路，后发优势使中国发展吸收和借鉴了许多发达国家的成功经验，中国有了不同于几千年传统的政治制度、经济结构和科技布局，但是这并不意味着要有不同于以往的民族文化。相反，新的发展阶段更要求有坚定的文化独立性，一方面可以抵御外来不良文化的侵蚀与演变，另一方面可以用传统文化中的优秀品质改造发展过程中自发生成的负面文化因素。中华文化可以历经几千年岁月洗礼承继下来，也说明它是适合中国国情的，是具有旺盛生命力的。

中国传统文化中蕴含了丰富的生态文明社会需要的文化基因。首先是人文情怀。向内关注，并辐射出去，以人为本，且与外物连接。从孔子的"仁爱"，墨子的"兼爱"精神，到龚自珍"不拘一格降人才"的呼吁，是传统文化中社会理想的人文情怀；从孟子的"民为贵，社稷次之，君为轻"的民本思想，到黄宗羲的"天下之治乱不在一姓之兴亡，而在万民之忧乐"①的主张，是传统文化中政治理想的人文情怀；从孟子的"大丈夫"精神，王夫之提出的"生以载义，生可贵"，"义以立生，生可舍"，到文天祥"人生自古谁无死，留取丹心照汗青"的气概，是传统文化承载者——知识分子人格追求中的人文情怀；从范仲淹的"先天下之忧而忧，后天下之乐而乐"的信念，到顾炎武"天下兴亡，匹夫有责"的社会关怀，是他们实现人生价值过程中体现的人文情怀。其次是道德规范。"因为世界上任何国家，从古希腊一直到古印度，尽管每个国家都有自己的道德规范，每个民族都有自己的

---

① 黄宗羲：《明夷待访录》[M]，中华书局，1981年版，第4页。

道德规范，可是内容这么全面、年代这么久远、涉及面这么广泛的道德规范，在全世界来看，中国是惟一的"。[①]以"仁义礼智信"为核心内容的传统文化提供了完备的道德规范依然是生态文明社会最需要的文化资源。再有是生态智慧。儒家的天人合一，孔颜乐处；道家的人法地、道法自然，无为制欲；佛家的节欲减耗，身心平衡，物我平衡。内容丰富，不一而足。

（三）自觉、自信、自为是文化自洽的根本途径

文化自洽不会自发实现，开放多元、包容进步、广泛吸收一切先进文化的优秀成果，并且在此基础上展开主动的文化建构才能形成自洽的文化。这是一个文化自觉、文化自信、文化自为的过程。开放与包容是广泛吸收的前提。文化因地域性、民族性而具有特殊的存在意义，更因其可普及性和世界性而具有普遍的存在力量。中国文化正是因其具有其他文化不可比拟的包容性而亘古绵延，近代以来所谓文化的三次断裂有相当一部分是因循守旧的恶果。亨廷顿上世纪末预言未来世界的竞争必定源于不同文化间的冲突，当今世界的发展似乎也在印证着这个预判，由于不同种族不同信仰而产生的局部冲突甚至战争几乎每天都在世界上演。

当前文化自洽首先就是要有文化自觉。此处之"觉"有感悟和觉醒两层意义，主要针对近代半殖民化以来的文化蒙昧与混沌状态。自西洋枪炮让中国被动开放以来，愚昧怯懦的国人形象在各种纪实文学作品中呈现出来，文化不自知成为普罗大众的主流性格。因此才有五四新文化运动的"启蒙"，但是这次启蒙无论从对象还是内容上都缺乏

---

① 季羡林:《季羡林谈文化》[M],人民日报出版社,2011 年版,第 6 页。

普遍性。上世纪五十年代中期后，"以阶级斗争为纲"的国家战略制约了文化自觉。改革开放开启了文化的新启蒙运动，同时产生的物质主义、消费主义、道德迷失又让这场文化启蒙脚步迟滞。当前的文化自觉是开启新世纪的新启蒙，从塑造普遍国民性的层面去昧，形成积极进取、志趣高远、清明健康的文化氛围。文化自洽还要求有坚定的文化自信。五四运动以来所谓启蒙的最大问题，就是把洗澡水中的小孩和脏的洗澡水一起倒掉了，把近代以来的落后挨打完全归因于中国传统文化，批儒反孔，产生了文化自卑甚至文化自虐的状况。认为近代中国落后挨打是中国传统思维方式中缺乏分析性思维以致自然科学没能发展起来，认为中国传统文化中由于缺乏民主科学的因素导致国人奴性和愚昧，如此等等，都是在西方话语标准下对自身文化进行贬抑性评判。当前这种文化的不自信依然存在，凡西必扬，逢中必抑，历史和文化虚无主义思潮颇有市场。由于有相当一部分知识分子中存在着文化自卑甚至自虐的倾向，负面影响必须引起警醒，发掘传统文化优秀品质，重塑中华文化自信势在必行。生态文明时代文化的软实力作用必将更加重要，在自觉、自信的基础上的文化自为将使文化自洽得以实现。广泛吸收，用开放的心态面向世界，吸纳一切文化中先进部分，主动构建，将其中国化、当代化、未来化，这就是文化自为的基本方式。开放不是不加选择，而是择其善而从；包容不等于同质化，更要坚守文化传统中的优秀方面，之后的主动构建是关键，从中国发展阶段的实际情况出发，从广大人民群众的精神需求出发，从未来中国的发展去向出发，这样的文化必定是自洽的，自洽的文化必定成为生态文明时代中国立于世界民族之林的有力武器。

第三章 现代国家治理视域中的生态文明政治观念

现代国家治理是指超越传统集权统治的进入现代化进程的国家的管理方式，主要特征是非集权的、全面法治的、追求文明的、手段科学化的。党的十八届三中全会明确提出的推进国家治理体系和治理能力现代化为我国不断推进政治变革指明了方向，也为十八大报告中提出的生态文明建设提供了一种创新、有效的政治实践范式，同样成为研究生态文明政治观念的理论支撑和思维导向。

一、建构基础：小而强的政府

国家治理现代化使国家治理从政府角色、自然定位、工具运用、治理思路等各个方面超越传统走向现代化，即实现国家政治体制的现代化转型。生态文明建设是中国探索实现的从自己国情出发的现代化转型道路，其政治观念的建构也必须基于中国现代国家治理的政治实践。由于中国的市场化进程基本是政府主导的，因此"有效"市场需要一个"强"政府；同时，中国走向生态文明又亟需减轻政治负重，增强社会活力，就需要一个"小"政府，因此，小而强的政府是生态文明政治观念建构基础的物化形态，借此从政府主体角色、治理路径、发展思路等方面衍生出生态文明政治观念的建构基础。

（一）政府权力的角色转换

中国国家治理现代化尚处于起步阶段，建国以来的探索经历了从全权到放权，再从抓权到限权的角色转换过程。全权主要是指计划经济体制下的政府角色，政府大而强，从经济命脉到针头线脑，权力渗透到社会有机体的每根血管的末梢，只有有国家政府权力全面控制的所谓国营市场，市场经济基本不存在。优势就是一切商品生产、流通、消费都在国家计划之中，应当是没有浪费，社会公平；劣势是显而易见的，政府统的过死，经济缺乏活力，容易产生大锅饭，简单平均主义，劳动者的主观能动性受到压制。并且由于政府权力过大，缺乏监管，产生威权政治，类似大炼钢铁，大跃进之类同样造成生产力和生产资料的极大浪费。威权与等级制无法剥离，形式公平的表象下是利益分配的实质不公正。生态文明制度具有高度民主、有序竞争及人与自然共生等的内涵特征。由于人们的社会行为日益世俗化，对信仰的引导力量不断淡化和弱化，不能寄希望于道德和宗教来解救人们的非理性与盲目冲动，改造社会条件成为唯一出路。良好的社会制度有高度的民主和有序的竞争，让人们可以广泛地行使权利和履行责任，以及保持一定的反思与批判精神。改造后的社会制度应当摒弃权力集中于少数人手中的病态，而应当由全体人民共同享有权力。控制自然不再是少数人的集体意志，而是全体人民的意愿体现。自然与权力无关，而与所有人的良性生存相关。这种情况下的"控制自然"实现了人与自然的共生共荣。

改革开放开启了全权政府的角色转化之路，中国探索着自己的市场经济发展模式。但是直到上世纪90年代初，改革开放十几年来，依然是计划思维主导，并且由于双轨制的实质存在，产生了极富时代性的"官倒"等畸形状况，暴富与腐败傍生。1992年邓小平提出了社会主义市场经济理论，将市场和计划只是看作经济发展的两种手段，而将其意识形态属性悬置，这个理论突破为政府角色定位提供了思想指导。大政府不变的情况下，部分方面弱化政府权力，还权于市场形成共识，上世纪90年代中后期中国市场化程度大幅提高，外资、民营，乡镇企业发展迅猛，促进了高就业率，带动了劳动者创业热情，人们的观念也开始转变，官员下海，择业不进国企等，中国经济释放出前所未有的活力。与此同时，由于中国市场经济尚处于试水期，缺乏规制的市场与市场本身的自由发展趋势二者叠加，不到20年的时间，中国的自然生态环境恶化明显，生态危机比经济发展成为更需要认真面对和解决的问题。科学发展观就是自然生态恶化倒逼下的生态政治决策。同时出现的政府权力集中又是政府角色的一次调整。1998年，中国遭遇亚洲金融危机的冲击，大量国有企业出现亏损、倒闭和职工下岗的情况，由于国有经济所占比重还比较高，所以引起了全社会的普遍关注。随后，中央提出了国企三年改革脱困的计划，一个重要的指导思想就是"抓大放小"，国有经济收缩到垄断行业和更具优势的竞争领域，这种在经济布局上顺势而为的调整构成了中国经济走出低谷的一个重要体制基础。2003年国资委成立后，要求央企进入行业前三名才能避免被淘汰，这使得央企必须要不断扩张、收购、兼并。2008年的全球金融危机时，由于十大产业振兴规划和金融体制环境对国企更有利，企业界和社会的普遍感受是政府权力更大了。国企的做大做强与政府在其中决定性的投资与审批权限，也使得政府大而强的模式得到加强，在滋生腐败的同时制约了经济社会健康可持续发展。

政府是社会管理者、市场"守夜人"，任何领域的进一步改革都会涉及政府职能。不解决好政府在权力运用方面的职能错位、越位、缺位问题，改革就难以推进。新一届中央政府对政府角色有了更理性和更清醒的定位，简政放权和加强监管双管齐下，小而强的政府正在形成。简政放权就是把"该放的权放掉"，让市场充分发挥资源配置的作用，激发市场活力，调动劳动者生产积极性；加强监管就是把"该管的事管好"，既要发展经济，更要保护生存的自然环境和人文环境，营造公平竞争的市场环境，用制度防止权力泛滥滋生腐败。有限政府正在形成，实现了合理定位的小而强的政府为生态政治观念的形成提供了应当的主体角色。

（二）治理路径的重心迁移

中国几千年的皇权统治延续着人治的传统，上位者的权力无人可撼，大一统时表现为王权至上，割据状态下一方诸侯就是一方天子，同样有至高无上的权力。尽管有儒家的"行仁政"、"民贵君轻"等思想，甚至儒家被奉为官方意识形态，但是德治不过是某个贤明君王的几十年良政，儒家学说也变异为论证专制合理性的工具。尽管诸子百家中法家独树一帜，形成了"法、术、势"的理论和实践体系，并且"儒表法里"才是中国几千年帝制的政治内核，但是讲威权的"势"，讲权谋的"术"在法家传承中更受统治者青睐，讲律令和规章制度的"法"却没有形成气候，法家思想同样成为统治阶段愚民和强权的工具。因此，中国几千年封建国家的治理路径的重心几乎没有发生迁移，始终以王道，以人治为传统，德治、法治只是人治和君权的附庸与点缀而已。

中国共产党执政以来，国家治理路径的重心迁移伴随着中国道路的艰难探索次递推进。首先是党治取代人治，坚持中国共产党的领导为新中国的发展提供了一个坚强有力的领导集体，在民主集中制的原则下，防止各级党的组织中出现"一言堂"的一把手集权现象。但是民主与集中的边界过渡问题使得过分民主与过分集中时有发生，前者使决策难出，效率低下，后者助长专权，滋生腐败。而中国几千年的人治传统往往滋生信奉权威的思想，领导人被神化偶像化，易形成集中过度的情形，新的人治就削减了党集体领导的力量，出现新专制趋向。此时对领导干部群体的个人品德修为就会产生要求，治理路径出现了党治加德治的重心迁移，这种转换一方面源自中国传统文化中"内圣外王"的君子情结，一方面是社会主义道德构建的迫切要求。领导干部群体的道德修养不仅能保证党组织集体决策的合伦理性及决策过程民主与集中的适度平衡，而且能对社会道德水准的提高起到示范引领作用。然而，正如历史上寄望"圣人"改变世道有太多的理想主义色彩一样，新中国寄望有品行完美的各级领导干部施行良政，引领社会向善同样有过于深厚的理想主义情结，固然，一个共产党员，一个领导干部应当有高尚的品德和敬业的操守，但是这些品质的养成却不能寄望于完全的自我、自发和自觉，而需要外部力量的制约和规制，治理重心向法治的迁移自然而然也势在必行。

新中国成立以来，法治进程一直在铺开，并且由于起点低，几乎是空白，因此先期主要以完善"治事"的法律为主，以治事来治人；用法律来约束人的道德行为，以治人来治事实现了法治实践的质的飞跃，是国家治理现代化的一个重要标志。中国共产党内部有了更加完备的条例法规，从发展党员、选拔干部、廉洁自律、监督监管、工作要求、纪律处分等各方面对党员提出刚性约束性要求。十八大以来全面从严治党更是提到了前所未有的高度，为党员提高个人德性，"乐于向善"提供了一个"不敢做恶"的党内环境。由于坚持"党纪严于国法"的原则，党治与法治不是两张皮，而是一个整体双重约束，与法治密切结合的党治有利于实现真正的德治和善治。可见，经过不断的探索和实践，党治为载体，法治为手段，德治为目标的国家治理路径逐渐形成，为生态文明时代政治观念的建构提供了友好的国家治理环境。

（三）发展道路的整体主义转向

中国共产党执政以来，探索一条适合中国国情的发展道路始终是执政党面临的最大课题，这条探索之路曲折艰险但是成果丰硕。唯物史观是党执政的指导思想，其超越性就在于对以往形而上学片面历史观念的摒弃，这也正是党的先进性的根基所在。但是拥有理论并不代表会自然地产生相应的实践，一旦理论与实践脱节，实践缺乏了先进理论的引领，或者理论被实践断章取义拿来做论证，现实政治就会出现偏差甚至谬误。建国后第一个五年计划的辉煌成就反映了当时正确的发展思路，即切合中国积贫积弱的国情大力发展国民经济。后来脱离实际了，想要几年内超英赶美，出现了"大跃进"等错误，造成资源浪费和发展偏废。其后一直到 1976 年，"以阶级斗争为纲"不仅违背了"从实际出发"的历史唯物主义发展原则，而且犯了形而上学的错误，片面夸大了阶级斗争在社会矛盾中的突出性，社会发展的主要矛盾和矛盾的主要方面把握不准，导致中国经济社会文化等各方面发展出现停滞。建国以来到文革结束，新生的社会主义中国取得了不少成就，抗美援朝，"两弹一星"，加入联合国等都大壮国威，奠定了中国的国民经济基础，营造了国家发展的基本国际环境。但是不能很好地将唯物史观用以指导中国发展实践依然阻碍着中国从大国走上强国的道路。

上世纪 80 年代初的思想解放和社会状况引领和倒逼中国进入改革开放的发展新阶段。从中国实际出发，抓住社会主要矛盾，因此当时的中国必须大力发展国民经济，增强国家实力，提高人民物质文化生活水平。"发展是硬道理"就是在当时情境下提出的，但是经济建设在创造中国奇迹的同时，各级政府只注重经济增长的片面思路在理论上陷入形而上学的窠臼，实践中产生了社会道德缺失、官员腐化堕落、生态环境恶化的情况，出现了唯金钱论、自由主义、官本位等不良社会思潮。

改革开放以来 30 余年的发展中，执政党始终在努力克服片面的发展思路，不断纠正完善党执政的理论体系，可以说马克思主义中国化的过程就是执政党不断汲取马克思主义"活的灵魂"，探索正确的发展思路的过程。1978 年 12 月召开的党的十一届三中全会强调把全党工作的着重点转移到社会主义现代化建设上来，并提出实现农业、工业、国防和科学技术四个现代化是"当前最伟大的历史任务"，实现了"以阶级斗争为纲"向"以经济建设为重心"的历史性转变，确定了中国"应当发展"的基本理念，其后开始了"如何发展"以及"如何更好发展"的探索与完善。改革开放之初，党中央提出了社会主义物质文明和社会主义精神文明的概念，强调两个文明一起抓，两手都要硬，只有两个文明都搞好才是有中国特色的社会主义。1986 年党的十二届六中全会正式提出"社会主义现代化建设总体布局"并明确提出"三位一体"："我国社会主义现代化建设的总体布局是：以经济建设为中心，坚定不移地进行经济体制改革，坚定不移地进行政治体制改革，坚定不移地加强精神文明建设。"由此开始，物质文明、政治文明、精神及文化文明便成为我国社会主义现代化建设的总体布局。随着对和谐社会认知度的不断提升，2005 年，党中央确立了社会主义经济建设、政治建设、文化建设、社会建设四位一体的战略方针。自此之后，中国特色社会主义事业"四位一体"的总体布局成为全党共识，建设社会主义市场经济、社会主义民主政治、社会主义先进文化、社会主义和谐社会成为全体中国人民的目标与追求。2012 年 11 月，党的十八大报告强调，建设中国特色社会主义，总体布局是"五位一体"，必须把生态文明建设放在突出地位，融入经济建设、政治建设、文化建设、社会建设各方面和全过程，努力建设美丽中国，实现中华民族永续发展。

理论体系的不断完善是执政党践行唯物史观指导原则的成果，是系统化、整体化、科学化的治理理念不断形成的过程。党的十八大以来，新的执政集体对生态文明的重视与强调是在唯物史观指导下继续丰富和完善发展思路的正确选择。在执政党看来，生态文明绝不仅仅是自然生态环境的改善和人与自然关系的和解，而是人类历史进程的新时代，是现代化中国的必然选择，是一种新的文明形态。这种认识是一种整体主义的关于人类文明进程的先进认知，是马克思主义中国化的新的理论成果，应当成为形成政治观念的发展思路和时代背景。

二、价值共识：文明、公正、自由

现代国家治理或者说国家治理现代化是当今中国探索发展道路的理论成果与实践运用，是一个过程性范畴，更准确地说是国家政治实践的手段，通过现代国家治理的全面实践，走向生态文明的历史新时期才是当今中国发展的目标与追求。但是作为工具和手段的现代国家治理视域为生态文明时代应当形成的政治观念提供了有意义的价值引领，即国家层面的文明，社会层面的公正和公民层面的全面自由发展，循此可以生发出生态文明政治观念的基本价值共识。

（一）国家的文明指向

1. 历史文明的传承。国家是政治共同体，却又以经济与文化的整合为基础，政治是其表现形式和实现手段，具体内涵要丰富全面得多，这诸多内涵一起构成一个国家的文明状态。"中国不是一个民族国家，是一种文明"，[①]虽然四大文明古国中中国的悠久度仅位列第三，起源于公元前 3300 年，但是却是唯一一个延续下来的文明。所谓"崖山之后无华夏"也只是对中国文明史的批判性反思，中国文明的核心内核始终存在，并且不断辐射融合，内涵更丰富外延更广大。中国文明是"万年前的文明起步，从五千年前后氏族国家到国家的发展，再到早期古国发展为多个方国，最终发展为多源一统的帝国"。[②]从历史发展的

---

① Pye Lucian. China：Erratic State，Frustrated Society. Foreign Affairs，Vol. 69，Issue 4 1990：56-74.

② 苏秉琦：《中国文明起源新探》[M]，香港：商务印书馆，1997 年版，第 142 页。

脉络上看，整个中国古代史就是一部伦理道德的演化史，其余经济性的发展、政治的周期性更替与文化的繁盛或停滞都受道德——这个远离物质基础的上层建筑的东西——的深度影响甚至左右，因此，要有这样一个整体性认识，"在中国历史上……'中华'或者'华夏'这些自我认同的观念更多的是一种文明教化的概念，一种文明的归属……丝毫没有褊狭的种族意思，更没有强烈的排外情绪，看重的是道德教化和文明程度"。①

追求建立在德性论基础上的和谐是中国文明的价值共识。如果说西方文明传统更倾向于将个体从整体中剥离出来进行解剖性分析，中国文明传统就是将看似无关的个体装配成一个整体进行关联性把握，把握的基础就是对关系性存在的伦理价值判断，这便是中国文明的德性论基础。表现在国家政治层面，包括君王与天的关系，执政者与人民的关系，本国与世界的关系等，通过不断的德性构建，帝王将自己装扮成"天子"，固然是为了论证其统治的合法性，同时也使自己背负了家国天下的重担，"贵民"的政治思维也源自对于"君"与"天"关系的定位，天子为天下谋，民既是君之臣也是君之子，君权天授、家国一体的关系性建构为封建等级网格的稳定存在提供了可能性。事实上，中国历史上每一次起义动荡、朝代更替都是这样的关系性建构受到质疑，而重新稳定下来必定经过改良式、维新式建构，新的关系性存在重新得到认可。在处理与外族外邦的关系时接纳、交流、包容、融合也始终是伦理价值的主流，唐朝是中国古代和谐外交观的受益者与集

① 孙向晨：《民族国家、文明国家与天下意识》[J]，《探索与争鸣》，2014 年第 9 期，64—71 页。

中体现时期，而其后宋的崖山之辱以及近代以来深重绵延的殖民灾难则是和谐世界观不能与时俱进或者不被恰当运用导致的。

2. 现代国家的基本价值承载。现代国家治理视域至少指出了当今中国的现代化转型趋势，首先就是跳出家国天下的王权束缚，人民共和国的建立从本质上完成了这样的蜕变，然而到目前为止现代化转型依然没有完成。在这样的时代背景与发展阶段，现代国家的基本价值承载具有引领意义。我们并非在西方话语体系中使用"现代性"的表述，即现代性不是基于二元对立思维方式的，不是以资本收益最大化为目标的，不是必须用所谓"后现代"加以遏制和改造的。现代国家治理的现代性，是整体性思维下的以物质和精神文明共同实现为目标的，其基本价值共识是在法治精神引领下的文明程度的提升。

中国传统社会实质是"儒表法里"，但法治精神又是缺乏的，因为此"法"的实践总是依托于有德性的君王或官员，而不是持续稳定有文本依据的律法制度。现代国家的文明价值首先应当通过法制化的政治文明得以体现，以执政党和政府为唯一主体的管控型政治应该被法制化的治理型政治取代，执政党和政府的决策与行动都统摄于法律制度的框架内，权力被关进制度的笼子里，人被限定在律法的约束中；现代国家治理还必须体现综合国家实力的提升，物质财富的积累绝不可以是唯一目标，但却是国家现代化的必要条件之一，同时现代国家还应当通过防止资本对国家的控制而摒弃物质主义的困扰，因为后者直接影响了国家综合文明的推进。适度物质发达的基础上大力提升包含了一切人类必需的精神产品的精神文明才是现代国家的价值旨趣。

3. 走向生态文明。中国提出"现代国家治理"已经是西方国家开启所谓"现代化"道路百年之后了，尽管二者在"国家现代化"理解的语境上有显著区别，但是西方走过的现代化道路依然使当今中国现代化转型具有后发优势。不仅体现在前述对于现代化价值追求的理解上，还体现在对于"国家文明"的内涵释义中。首先，国家文明必定是超越了单一文明的综合文明，既不是追求无止境的物质财富，也不是单纯以道德水准的提升为文明指征，更不能将国家没有活力竞争的稳定视为和谐文明。现代国家文明应当包涵了经济生产、政治实践、社会运行、个人生活、头脑运转等一切成果的文明，并且包括了有利于各个要素之间相互促进共同生成的机制体制。其次，现代国家文明必定是包涵了以往一切人类活动的文明成果的文明，尽管历史上文明发展有先后次序之分，但却不能据此判断文明的优劣，每种文明都是当时地理、政治、社会等诸多因素的综合产物，都是人类必经阶段，都蕴含着有益于未来世代的价值能量。农业文明的天人和谐和工业文明对生产力的极大解放，都应该在现代国家文明追求中体现其价值。最后，在近半个多世纪的文明进程后，对于生态文明应当有新的理解，生态文明不是按历史沿革而来的，区别于农业文明、工业文明的又一种文明态，而是综合了以往人类文明成果的一个新时代。现代中国即将走向生态文明时代，就是要吸纳历史传承的文明成果，从中国国情出发，实现中国的文明追求。

（二）社会的公正追求

"我们可以把人类社会的基本目的一般地理解为人类对于组织社会或者对社会本身的基本价值期待"。①国家就是为了将人类社会组织起

---

① 万俊人：《社会公正为何如此重要》[J]，《天津社会科学》，2009 年第 5 期，4—8 页。

来而存在的，前现代国家因为更多地表现为集权统治与强力机器，人们在组织社会中往往被剥夺了应当的价值期待，现代国家治理提供了国家回归其本质职能的可能性，即作为一种组织社会的工具性存在，超越专制、集权、统治等前现代话语，使人们在这样组织起来的社会中回归本真的价值共识，即追求公正社会的达成。当今中国走向生态文明时代就是国家职能的本质回归，其政治观念必然通过社会制度的公平安排体现出社会公正的价值共识。

1. 从心理学上，摒弃传统阻滞意识限定公权力边界。现代国家应当建立起保障私人权利，限制公权力，同时促使公权力发挥最大公共效能的政治机制与体制。当今中国要实现国家治理现代化，既反映中国共产党带领广大劳动人民追求自由平等的立党宗旨，又体现中国特色社会主义制度本身的优越性，就必须彻底批判和摒弃历史形成的等级观念、权力意识、人治观念等传统文化中的糟粕，使执政党和政府从心理学上完全摆脱前现代思想的影响，真正进入现代国家治理的心境、情境与环境之中。人分三六九等的认识仍然存在于当今国人的心态中，反映在政治观念中就是官本位、"官大一级压死人"、"一把手说了算"等，分别体现在社会心态中对有官职者的迷恋、依赖、嫉妒、羡慕等，体现在公职人员心态中的钻营上位，唯上不唯实，工作业绩对上不对下等，体现在领导干部心态中，领导班子一团和气，一把手集权，只有集中没有民主等。

确立当今中国的平等追求既要传承更要创新，西方历史上的不平等是赤裸裸的血腥与暴力，才有了基于基督教信仰的"人人生而平等"的理性反思，由于其本质是契约性的，并未达到道德约束的高度。中国传统文化中有丰富的源自德性修养层面的平等思想，儒释道的"有教无类"、"兼爱"、"贵民"、"众生平等"等都可成为中国平等观的优秀资源。中国共产党执政过程中的"官兵平等","军民一家亲","职业有分工、身份无贵贱"等都可成为当今中国平等观的创新资源。人治的迷信根源于对于宏大叙事的迷信，即普遍认为的中国几千年文明没有形成真正的法治传统，始终呈现的是家国天下的政治传承。实质上，历史上中国大多数时期是"儒表法里"，道德提倡在个人层面，国家政治依然以法制推进，只是由于等级、专制等的因素，法治常常表现为暴政、特权，湮没了其中的进步性。上述可见，平等、法治是社会公正的必要前提，中国提出国家治理现代化表现了现代转型的决心，就是要超越前现代中国的各种阻滞，这个过程中传统文化中的进步面在得到改造性的体现之后会发挥不可比拟的作用。

2. 有序、共享与可持续是社会公正的价值表征。有序指社会秩序得到遵守，社会秩序指的是人们在社会活动中应当遵守的行为规则、道德规范、法律规章，"有序"即中国古代所说的"治"，与之相对的是"乱"，所谓"大乱之后有大治"，可见，有序是一个动态平衡的过程，是社会良性发展的阶段。现代国家治理下，社会应当是有序的，主要表现为，其一，在一定的阶层秩序下，人们在社会中各司其职、各安其道、顺畅流动；其二，各种行为规则、道德习成、规章法条都能正常运行，不被人情关系和权力介入所干扰；其三，大治之下的小乱处于可控状态，社会之"治"是相对的，局部的短期的冲突与无序不可避免，有相应的制度性措施有效控制即为可控，依然是有序的。

共享即"让全体人民共享社会发展成果"，是社会公正的直接表征，更是中国国家治理现代化的优势所在。中国社会主义社会区别于西方资本主义的根本点是为了谁发展的问题，国家的现代化转型不是要转向西方资本至上的工业化和后工业化模式，而是要走向体现"中国道路"特色和优势的生态文明发展阶段，是为最广大人民谋更多福祉的发展模式。共享主要体现在以下几个方面，其一，物质财富通过分配和再分配普遍提升人们的生活水平；其二，公共资源与公共产品和服务普遍均等地惠及最广大人群；其三，扶弱济困助贫成为社会制度建设的重要组成部分，在消灭绝对贫困的基础上使相对贫困比例尽量降低。

"可持续"尽管是源于人们对自然危机的警醒而生发的对自然生态给予的人文关怀，但目前看来，可以拓展其内涵与外延而成为中国现代国家治理追求社会公正的价值指征。执政党的决议决定与各级政府决策政策的可持续既包括其内容价值指向的长期目标，也包括其蕴含的时空张力。那种"一级政府一个决策"，"人走曲终"和追求短期效应，短视政绩的竭泽而渔、一哄而起等都妨害了社会公正，必须彻底摒弃；经济与社会发展的可持续是"可持续"范畴的本意，包涵了两组相辅相成的社会公正价值指向，其一，代内公正与代际公正，其二，人际公正与生态公正。尽管这些价值取向都通过经济社会发展表现出来，但却得益于政治层面的观念导向与制度建构，正是中国走向生态文明政治观念的价值追求。

（三）公民的全面发展

在现代国家治理视域中，公民个体与市场和政府一起成为国家治理主体的复合构成，每个人的全面发展是国家治理现代化的重要保障和价值指向，自然应当成为中国生态文明政治观念的重要价值共识。

1.公民在政治生活方面的发展是可以倚重的，其一是政治参与能力，不能以公民政治素质低下为由减少甚至禁绝公民政治参与的可能性，这是违背国家治理现代化基本要求的，正是广泛的、高频次的政治参与才能使公民政治参与能力的提升具有可能性，再辅以相应的国民教育，公民政治参与能力才能适应生态文明的时代要求。其二是国家意识与社会责任感，是政治参与意识的思想前提，国家意识与社会责任感是一体的，有了国家意识，就会以国家兴盛为荣，以国家衰弱为耻。国家意识通过公民意识来体现，社会主义核心价值观的提出就是中国国家治理现代化对于公民全面发展的整体要求，无论哪个层面的价值观念都要落实到每个个体来得以体现和实现。政治观念落实到个人层面就是公民的国家意识即政治参与意识，与政治参与能力一起成为国家政治观念获得理解并得到彻底贯彻的基本条件。其中参与意识是参与能力养成、展现与发挥的前提，参与能力又保证了参与意识的实践性与操作性。其三是批判精神，现代国家不是僵化不变的稳定态，而是处于包容、汲取和不断完善的过程体，中国国家治理现代化正处在这样的过程之中，并借此走向生态文明，即使完成了生态文明社会的基本指征，也不代表国家发展进入了静态最优，依然处在解决问题不断改进的过程之中。因此生态文明的政治观念必须以公民具有批判精神为价值共识，和谐不代表一团和气，一片赞扬，而是适其不同，寻其不适，有批判精神的公民才是走向生态文明的政治主体，公民具有批判精神才能在政治生活获得自身的全面发展。其四是合作意识。西方国家的现代转型以强调个人能力和释放个体人性为表征，但是近些年来也开始强调社群力量的促进作用。中国国家治理现代化基于公有制和集体主义思想基础之上，合作意识有雄厚的现实基础。但事实上，现实中公民的合作意识显得匮乏，政治生活层面的合作也是如此。这与制度层面的政治合作形成鲜明对比，党内的与党际间制度性合作已经发展完善成为中国共产党的执政优势和特色，或许这也是公民通过社团组织进行政治合作的制约因素，而生态文明政治观念必须超越两个层面政治合作的非合作状态，培育社团精神和合作意识，使通过社区、群团、单位等的公民合作意识在政治生活中得到有效提高和运用。

2. 公民物质生活方面的发展是基础性价值条件，生态文明政治观念应当是鼓励公民个人通过勤劳、创新、创造等合法手段追求更高水平的物质生活。公民精神生活方面的发展是体现现代国家公民全面发展的必要条件，也是生态文明对于人类本性最本质的解放。此两方面的发展在生态文明的中国一定是有机统一于公民的个体存在，任何孤立地看待其中一方面的个体发展都将导致价值审视上的形而上学的谬误，即不能从历史的、空间的、实践的、整体的角度去审视个体存在。从马克思的理论框架看，"以物的依赖性为基础的人的独立性，是第二大形式，在这种形式下，才形成普遍的社会物质变换、全面的关系、多方面的需求以及全面的能力的体系。建立在个人全面发展和他们共同的、社会的生产能力成为从属于他们的社会财富这一基础上的自由个性，是第三个阶段。第二个阶段为第三个阶段创造条件"。①当今中国发展处于第二阶段，对物的依赖依然是实际国情，并且只有在物质生活得到充分发展，即市场普遍化程度，生产关系全面化程度，人们需求的多样化程度与人们综合能力的实现程度都得到充分发展后，人们才能摆脱对物的依赖，社会才会进入第三阶段，即社会财富

---

① 《马克思恩格斯文集》第 8 卷[M]，人民出版社，2009 年版，第 52 页。

从基础性地位降格为从属性地位，并且是从属于个人的全面发展和社会公共生产力，生态文明就是这样的发展阶段，走向生态文明就是要在充分发展个人物质方面的基础上超越物质的控制，将物质财富统摄于更高层次的精神发展和文明追求。同时，由于中国发展的后发优势，中国国家治理现代化的特殊品质以及生态文明对于文明追求的整体性，生态文明的政治观念应当有益于在实现充分物质发展的过程中，注重个体精神的同步完善。二、三阶段的叠加效应不仅能够使物质生活高效全面地展开，而且使社会的、历史的、文化的精神产品投射在个体修养与反思之中，更进一步地，将自然生态与人自身的关系加以整体主义的人文关怀，由此公民的全面发展成为生态文明政治观念的价值共识。

三、实践方向：共治、善治、垂范、绿色

现代国家治理视域为生态文明政治观念提供了建构基础和价值共识，同时，还为生态文明政治观念指出了实践方向，即生态文明时代或者为了实现生态文明应当有怎样的政治观念。其一，生态文明的国家治理主体是政府、市场、社会与公民的政治共同体，即共治观念；其二，建设山青水秀人民幸福的美丽中国要有综合的政治智慧，即善治观念；其三，生态文明中国的执政党宗旨与"强"政府实践要求党和政府有率先落实引领社会的责任，即垂范观念；其四，中国国家治理现代化的生态文明走向，要求政治推动的每一步都将环境成本和生态因素考虑在内，即绿色观念。

（一）治理主体上的共治观念

共治指的就是一个群体共同行使权力的一种组织形式或者实践方式。共治有以下几点好处，一是可以权衡各方利益，取得有益于各方的利益最大化成效；二是形成立体监督机制，防止令行不止、任意妄为或者无所作为；三是有助于集多方智慧，调动最大力量形成良好政策执行力；四是有利于应对社会运行和政策执行中出现的系统性全局性问题，多点行动提高效率取得成果。共治观念是国家治理现代化的重要政治成果，摒弃前现代的专制、独裁、垄断，展现出国家政治文明的趋势。人民当家作主本来就是社会主义中国的特色和优势，由于机制体制、政治素质、发展水平等种种原因导致以往共治观念践行缺失，生态文明政治观念首先要确立共治观念，就是在国家治理现代化视域中对国家治理主体的本质回归，并且要在新的发展阶段更充分地体现中国多元主体共同治理的政治优势。

1. 多元主体在不同层次上体现为三个主体群，政党—政府—市场—社会，人—自然—社会，政府—公民，第一个主体群是主线，政党领导，政府负责，市场参与，社会协同。小而强的政府之"强"主要体现在执政党方面，居于领导核心的地位，如果对此发生质疑，就会动摇中国国家治理现代化的根基，失去中国生态文明建设的独特优越性。这里的"强"指的是宗旨意识强、治理能力强、掌控能力强。中国共产党的宗旨意识即"人民至上"，这是党的立党根本和执政基础，习近平同志就明确指出，"人民对美好生活的向往，就是我们的奋斗目标"，"建设生态文明，关系人民福祉，关乎民族未来。"在这样明确正确的宗旨下，政党之强是人民之幸。提升国家治理水平则是执政党增实力练内功的自我要求，治理能力的强大直接决定了执政宗旨的体现与落实，关系着国家的强盛和民生福祉。党的治理能力包括国家治理总体布局的能力、动员和组织的能力与自身建设能力，三者缺一不可。自身建设能力使执政党通过不断学习以适应国际国内新动态，总布局能力不断加强；通过不断净化，廉洁清明、目标坚定、民心所向，所以动员、号召和组织能力自然得以发挥；通过吐故纳新使自身充满活力和动力，可见执政党自身建设是党的治理能力不断增强的根本点和关键点。

政府作为国家治理主体其能力主要体现在执行力上，强大的执行力包括能够依法行政的能力，有效落实公共政策的能力，高效的行政效率和效益，服务社会的综合能力等。因此，法治政府、学习型政府、小政府是现代治理中政府主体应当具备的几个条件。法治保证了权力被限制和监管，强调了治理的客观性和规律性，避免了主观随意性对政府治理能力的削弱。一个乐于学习、善于学习的政府一方面保证了公职人员选拔与使用的科学化，行政人员素质提高、能上能下等使得政府有活力、有质量；另一方面，可以不断提高政府服务社会的能力，比如处理社会事务、解决社会矛盾以及化解社会纠纷等。小政府主要指机构设置之小和权力之受限程度，中国现代国家治理中，政府服务于生态文明建设并且对政策实施等向人民负责，冗员、拖沓都将影响治理效率并且给国家现代化转型增加政治负累和经济负担，必须要小而高效，才能有强大的执行力。新一届政府持续简政放权就是政府现代意识和治理能力不断提升的重要体现。

市场在国家治理能力体系中是重要的参与主体，并且在某些确定的经济和社会生活领域，市场会发挥主导力量。市场治理能力的提升是中国国家治理现代化的重要表征，起始点应该是执政党认识到"市场不存在姓资还是姓社"，其后进行的市场化改革尽管由于意识形态控制和新自由主义干扰，但是市场参与国家治理的能力还是得到锻炼和提高，日益成为国家治理能力不可或缺的主体之一，同时，市场能力的不断增强倒逼国家政治观念的不断跟进与更新，使政治结构日益适应理性与完善的市场经济。但是必须认识到，宏观方面，市场只是参与能力不断提升的国家治理主体，不能上升为支配或领导地位，惟此，才能避免新自由主义的陷阱，保持中国国家治理现代化的中国特色和制度优势。

2. 第二个主体群是暗线，人与自然，自然与社会及社会中的人，通过自发到自觉的过程不断参与到国家治理的政治领域，主体力量日益增强。人、自然、社会三者皆有其独立性，但是在中国现代治理中，是作为整体性的主体出现的。不仅仅自然界是人的无机身体，而且自然界对人的本质只有对社会的人说来才是存在的，只有在社会关系和社会联系的范围内，才有人们对自然界的关系。可见，人—自然—社会是一个整体，不可分割。因此在国家治理的多元主体结构中，人的自然、自然中的人、自然的社会和社会化的自然相互关联共同作用。这条暗线中隐含着生态文明指向的新内容，即对于自然生态价值的强调，生态环境通过共存于其中的人以及人们结成的社会成为国家治理主体结构中的新成员。国家治理现代化走向生态文明就是要将生态关照落实到治理体系的每个环节，特别是政治观念更要包涵生态意蕴，并且有益于在经济、社会、文化、个体生活等方面落实和贯彻对于自然环境的人文关怀。当前中国顶层设计中充分体现了政治观念的生态关切，生态文明已经是国家五位一体总体布局的重要组成部分，"美丽中国"作为进入生态文明新时代的中国的表现形态，更是将生态美好作为整体追求目标。不仅如此，由下而上的生态推动与横向互动的生态借鉴也日益成为国家治理新常态。可以说，一方面，人—自然—社会的主体力量通过政治观念的现代化不断得到加强；另一方面，政治观念的环境关切也在人—自然—社会的整体性力量作用下不断得到强化，形成一个值得期待的良性互动循环。

3.第三个主体群，政府—公民的组合形式并不能脱离多元主体中的其他因素而孤立存在，这里单独择出，是因为复合多元主体通常直接表现为政府—公民的实体性和关系性存在，会成为国家治理中的主要矛盾或者矛盾主要方面，政府—公民主体力量实现程度的良莠取决于目标与价值的共识度。人们可以普遍感知到，政府是一个个办公大楼和其中穿梭进出的公职人员，公民是各行各业的活动于乡村、社区等社会和自然环境中的人，相较于政党、市场、社会等理论性存在，政府与公民此类实体性存在从直观上更加易于认知与把握。共治政治观首先就要摒弃政府与公民二元立场，从实体性组成看，政府中的人也是公民，公民中的一部分就是公职人员，人员组成并非固化的而是流动的；从权力构成看，中国政府应当向人民代表大会负责，受人民代表大会监督，政府只是服务机构，各级人大才是同级最高权力机关，代表全体公民行使权力；从执政宗旨看，中国政府是人民的政府，其宗旨就是全心全意为人民服务，这是历史经验和现实选择。因此，政府与公民是有机统一的整体，应当成为中国现代国家治理的有生力量。其次，共治观念要求政府—公民主体基于一致的治理目标和价值理念，全体公民对于社会主义核心价值观的共识度十分重要。富强、民主、文明、和谐的国家，自由、公正、平等、法治的社会，爱国、敬业、诚信、友善的公民明确了国家治理的目标和全体公民应当恪守的道德准则和价值追求，在全体公民中培育和践行价值观并重点在政府公职人员中开展教育和培育以形成强有力的社会引领和示范作用。解决好政府—公民这一社会主要矛盾，国家治理多元主体中存在的重重矛盾都将迎刃而解，生态文明共治的政治实践就能全面展开。

（二）治理手段上的善治观念

中国传统君权社会中，善治即善政；西方话语体系中，善治偏重于"good governance"即社会层面的好的治理。在中国现代国家治理的意义上实现善治应从三个方面体现其对于传统与西方"善治"概念的优越性，一是善治不止于建构好政府，而是为了实现对整体社会的好治理，体现最大公共利益；二是充分体现中国语境下"善政"的重要性；三是使民主法治成为必要但非唯一条件。在生态文明的政治观念中，从治理手段的层面运用善治观念有其现实意义。

1. 治理结构去除科层等级，形成平面网格治理。等级制的国家运行模式是现代国家应当摒弃的，其背负着前现代、特权、专制等标签容易导致恶政与恶治。中世纪欧洲特别是西欧的封建等级制，国君把土地作为采邑封给大封建主，大封建主再把它封给自己的臣下为采邑，层层分封，层层结成主从关系，形成像阶梯似的等级制。上一级地主控制下一级地主，并最终控制属地上的农民。由于封建制度的占有权，极易产生无穷的争执，人们多半靠战争维护自己的权利，因此说"欧洲的版图是在战争的铁砧上锤出来的"[1]。中国自周分封以来也进入了漫长的封建时期，到秦以后进入大一统的专制时期，西汉董仲舒将儒学意识形态化为一种权术，更固化了中国古代的封建等级国家模式，

---

[1] R.A.Brown, The Origins of Modern Europe, London, 1972, P93。

其后的改朝换代不过是换了一个最高统治者的面孔，始终没有跳出壁垒森严的等级制的牢笼。而且由于中国封建制与西欧封建制的重大差异，每个等级不仅要向上一等级负责，且最终要向最高统治者负责，这种"学会文武艺，货卖帝王家"的"家国天下"模式是欧洲所没有的。因此，一方面中国封建制度往往会有相对长的和平发展期，使小农经济比欧洲发展得更完善，但是同时也固化了等级观念和制度，使破除封建制度打破等级樊篱付出了更漫长的等待和更多生命的代价，其后世影响对现代国家转型的阻滞作用也更加顽固地存在着。

从这个意义上说，中国现代国家治理要比西方国家更多地关注于打破旧的封建等级观念，并且要防止其变种或者新等级形态的产生。旧的封建制度已经被消灭，但是几千年的传统文化与约定俗成并没有完全消除，主要表现就是社会对权力的迷恋与盲目服从以及政治领域的"对上负责"心态。新的等级形态由于市场化及资本依赖也不容忽视，不论以何种手段，那些先富起来的形成了更有力的政治参与阶层，更广泛的去等级化还任重道远。生态文明政治观念必须实现善治，消除恶治，这就要去除等级挤压式的国家治理，实现平面网格式的现代治理。政府、市场、企业、社区、公民都是平面网格上的无数结点，无身份高下之分，在不同领域不同结点起到主导作用。权力由于来自公民而没有"等级"的标签，只是起到统筹协调的作用，社会主义中国"人民当家作主"的本质在网格化国家治理中得到彰显，生态文明的善治得以实现。

2. 治理技术信息化，实现文明治理。国家治理现代化在技术层面指的就是技术现代化，这是网络时代保证善治的物质方面，当前看来，就是网格化、智能化、大数据、云计算等互联网相关技术的广泛应用。

治理技术信息化至少有三个方面的益处，即高效、节约、便民。当今时代早已过了快马传书、飞鸽传信的年代，无线电报也已经发明了一个多世纪，信息传送可以在眨眼间进行。政令传递与传播也搭载互联网的快车为人们提供了新的时空观念。善治必须是高效的，一是指人员的精简，让人脑控制电脑，用电脑代替人脑，用智能取代人力，国家治理智能化能大大减少工作人员数量，解放出更多劳动力以创造更有效生产力；一是指时间的节省，比如一个好的社会学模型就能够大幅缩短获取社会发展相关数据的时间，为相应的政策调整和改进争取到宝贵的时间。

善治必须是节约的，这是生态文明新时代的本质要求。"无纸化办公"是个典型例子，从上世纪末开始的无纸化办公浪潮轰轰烈烈，节约纸张保护地球的植被，人们的环境意识与互联网技术开始结合。时至今日，对于无纸化办公人们有了更多思考，即用废物利用制造的纸张来取代传统纸，用清洁能源产生电来保证电子产品的正常运转，以及如何无害化处理电子垃圾等，在综合考量下做到节能低碳，善治的技术含量由于生态伦理关照而不断提高。善治必须是便民的，生态文明中国的根本价值取向是民生福祉，政府服务型功能的不断强化也要求将方便群众放在第一位，互联网技术的广泛运用使便民成为可能。现代中国治理应当充分利用先进技术和前沿发明将平面治理网格的运行网络化、智能化，使公众与其他治理主体之间连接顺畅、互联互通，信息的获得与反馈及时有效。

3.治理方式超越人治、权治思维，实现法治化治理。"法者，治之端也"，法治是善治的重要手段和主要特征。中国千年封建社会实质是"儒表法里"，但又是人治社会，没有发展出以契约精神为核心的现代法治。这样的判断貌似矛盾，实则在产生根源上具有一致性，专制体制便是其源头。权大于法，法治于民成为中国几千年法治的怪现象，"刑不上大夫"与暴政于民同时存在。当今中国之善治必须正"法"，让法治步入正轨。"市场失灵和社会公正是公共责任的规范理由——它说明了政府应当介入的理由"，①全面依法治国已经成为新一届中央政府的治国方略，"昭告'没有法律之外的绝对权力'，彰显法治权威；强调'政府职能转变到哪一步，法治建设就要跟进到哪一步'，发挥法治力量；告诫'让人民群众在每一个司法案件中都感受到公平公正'，完善法治实践；要求'领导干部要做尊法学法守法用法的模范'，塑造法治信仰"。②善治之法治要处理好法治与改革的关系，改革进入了深水区，涉及到关键领域，推进改革要坚定不移，过程中对宪法、法律的坚守更要坚定。这就要求不断完善法治体系，更要在法治轨道上有序推进改革。善治之法治要处理好国法与党纪的关系，切实践行"党纪严于国法"的总方针。杜绝纪法不分，避免使党员身份成为保护层，把违纪视作小节，而是要在更加严厉的党纪约束下，在党员违法前就受到诫示，使党员面前约束无留白，并通过党纪规制提升党员个人道德修养和中国共产党整体道德水平，真正成为引领国家风气和社会风尚的先进力量。善治之法治要处理好政治与法治的关系，即政府治理与依法治理的关系，既不能简单运用国家强制力甚至暴力执行，也不能依靠社会习俗传统文化来解决，而是要充分彰显契约精神，遵循法治的规律和原则，做到办事依法、遇事找法、解决问题用法、化解矛

---

① 常建：《论政府责任及其限度》[J]，《文史哲》，2007 年第 5 期，147-154 页。
② 评论员文章《法治让国家治理迈上新境界》，《人民日报》，2015 年 2 月 28 日 1 版。

盾靠法的良好法治环境。

（三）治理制度上的垂范观念

习近平同志在 2015 年 12 月的中共中央政治局"三严三实"专题民主生活会上要求政治局成员："无论公事私事，都要坚持党性原则，都要加强自我约束"，反映了从顶层发力在制度上确立的垂范观念。中国的现代国家治理有西方现代化进程没有的政治优势，即执政党本身的人民性及由此产生的先进性，因此从制度设计上体现执政党、政府及各级党员领导干部和党员群体的垂范观念与实践力量，是中国共产党领导的国家现代治理的题中应有之义，更是中国生态文明时代政治观念的重要内涵。

中国共产党作为执政党有着西方执政党不可比拟的先进性，作为最先进生产力、最进步文化以及最广大人民根本利益的代表，正如邓小平同志曾经指出的："资本主义国家的多党制有什么好处，那种多党制是资产阶级相互倾轧的竞争状态所决定的，他们谁也不代表广大劳动人民利益。"政党的阶级属性决定了中国共产党是人民的代言人，是人民利益的保护者。当前中国提出国家治理现代化其中包括了党的治理能力的现代化，最直接的就是在制度建设上发挥执政党的垂范力量，"打铁还需自身硬"就包涵着这层意思。可以说，中国执政党的阶级属性即人民性和价值指向即先进性使垂范观念作为一种具有普遍性的政治观念成为可能。

具体来看，可以在至少三个方面体现垂范观念的政治实践。一是在政府、市场、社会的制度建设层面确立政府垂范的观念。比如国家提出建设资源节约型和环境友好型社会，而"三公"支出缺乏监管，在滋生贪腐的同时造成大量资源、能源的浪费，产生了负面的社会示范效应，制约"两型"社会的推进。中央出台"八项规定"等一系列从严治政，从严治党的规章制度及至法规条例，将政府垂范在制度层面加以规制，两年以来垂范制度的正效应逐渐显现：政府清廉度提升，对市场不适当干预减少，服务职能不断增强，市场运行成本降低，节能环保指数提升，规范与宽松正向促进，社会日益回归理性消费，生态意识不断增强，自我治理走向实践，一个强政府、宽市场、大社会的现代中国正显雏形。生态文明建设还需要相配套的制度跟进，体现政府垂范观念的制度先行易于制度落实和文明推进。二是在公职人员内部制度建设层面确立领导垂范的观念。毋庸讳言，公职人员中领导干部掌握着更多的权力和承担着更多的责任，对领导干部的约束和要求就要更早、更严、更高。身为领导干部就不能混同于一般公职人员，更不能等同于普通公民，这个认识在中国治理现代化过程中更要得到强化。逐步推进的官员财产申报和公开制度反映了垂范观念在政治实践中的运用，自十八大以来，伴随着反腐和改进工作作风的行动，全面的不动产登记已经开始，每年进行的领导干部个人财产申报日益严格规范，领导干部提拔和离任时的财产审计及"六查"扎实推进，尽管目前中国的财产公开制度深度广度都有差距，但是其中包涵着的对于领导干部的垂范警示已经显现。三是在社会公民制度建设层面确立党员垂范的观念。"党纪严于国法"的提法明确了党员群体在整个公民群体中的异质性，党纪的不断完善与落实就是在制度层面确立党员群体的社会垂范价值。曾经一度时期，随着物质主义泛滥与"四风"问题突出，党员身份成了谋取政治和经济利益的工具，成了逃避处分甚至罪责的防护层，严重损害了党的形象。

从制度建设上实现党员本质的回归，从更多责任、更严要求、更少享乐的方面体现党员群体的异质性，使这个群体在政治实践中体现其垂范功能，真正发挥其内在先进性，成为推动中国生态文明建设的有生力量。

（四）治理思路上的绿色观念

习近平同志 2013 年就说过："不能把加强生态文明建设、加强生态环境保护、提倡绿色低碳生活方式等仅仅作为经济问题。这里面有很大的政治"。[①]中国国家治理现代化的走向是建成生态文明国家，这里的生态文明显然不止于自然生态层面的文明，即生态可持续，人与自然的和谐共生等，而融合了生态文明的经济、政治、社会、文化的整体文明包涵着更丰富和更深刻的生态指向，因此必须从治理现代化的整体思路上确立政治的绿色观念，才能引领整个中国走向生态文明新时代。

治理思路的绿色观念从国家战略规划、政治制度建设、经济社会发展和文化布局等多层次得以体现。首先是"五位一体"国家总体布局，将生态文明建设作为总体建设的重要组成部分和贯穿于其他建设的引领性内容，将美丽中国作为富强中国的前提和保障，就从国家规划层面确立了中国国家治理思路的绿色导向；其次是政治建设层面的绿色规划，从执政党建设和政府功能改进与完善方面进行了制度安排。从作风建设入手的整党活动，反对奢侈奢靡奢华，反对享乐主义，反对铺张请客，反对公款吃喝消费等，营造风清气正、清明廉洁的党风

[①] 2013 年 4 月 25 日习近平在十八届中央政治局常委会会议上的讲话。

政风,从严治党的层面体现了执政党绿色化的新常态。节约型政府从节省政府运作成本的角度践行绿色治理思路,停用不必要的公务用车,叫停不必要的公款出国,减少不必要的行政审批,裁撤不必要的公务部门和公职人员,用互联网代替现场会议,用电子互联的手段取代纸质文件的堆叠等,从人员、时间、物资等多方面建设节约型的现代化"小"政府,营造精简高效的文风会风,体现了服务型绿色政府的治理思路。绿色政绩考核日益制度化,"既要金山银山更要绿水清山",一些省市已经开始对领导干部实行重大生态问题的一票否决制,随着绿色政治理念的深入,绿色政绩考核评价体系会更完善并成为国家现代治理的重要内容。绿色观念对社会文化的全面生态化引领也很重要,倡导"两型"社会建设,在价值观层面引导全社会摒弃物质主义的侵蚀,拓展文明的精神方面,更加注重社会公平公正,更加关注公民幸福感的提升等,政治的绿色治理思路由上至下,由表及里正在不断健全完善,展现着中国国家治理现代化的成果和生态文明指向。

第四章　新常态视域中的生态文明经济观念

　　无论何种社会形态，生产力与经济基础的根本地位都不可否认，生态文明时代同样如此，并且生态文明因为其先进性，必定具有高于和优于以往社会形态的生产力水平和经济发展模式，有更加优质的物质文明作为社会的基底。确定生态文明的经济观念要把握两个方面，一是必定要体现生态文明的社会特质，二是要体现对以往社会形态物质文明的超越性。当前中国进入了经济发展的新常态阶段，只有在一个相当长的时期内动态地从新常态的视域出发，才有可能逐步确立生态文明社会亟需的经济观念。"所谓经济新常态，其实也是一种心境的常态和视野的开阔，是'平常心态'和长期视角下合理预期的经济增长率大趋势"。①经济常态不仅是一种客观形势，而且是一种战略思维和战略心态，即以何种主观意识来判定经济态势的正常和合意与否。

---

　　① 金碚:《中国经济发展新常态研究》[J],《中国工业经济》,2015 年第 1 期,5-18 页。

一、建构基础：平稳向好的经济趋势

当前中国进入经济新常态，其主要表现为，经济增速虽然放缓，但无论是速度还是体量，在全球也是名列前茅的；经济增长更趋平稳，增长动力更为多元；经济结构优化升级，发展前景更加稳定；政府大力简政放权，市场活力进一步释放。经济发展将走上新轨道，依赖新动力，政府、企业、居民都必须有新观念和新作为。在经济新常态下，最重要的改革方向和政策取向就是要形成"公平—效率"的新常态关系，这是能否实现经济新常态的特征即"从要素驱动、投资驱动转向创新驱动"的关键。2014 年 12 月召开的中央经济工作会议指出，这一发展态势主要有如下四个实质性特征。一是经济增长速度从高速转为中高速。二是经济发展方式从规模速度型粗放增长转向质量效率型集约增长。三是经济结构从增量扩能为主转向调整存量、做优增量并存的深度调整。四是经济增长的驱动力由要素驱动、投资驱动等传统增长点转向以创新驱动为代表的新增长点。

（一）宏观经济稳定持续

中国社会科学院的一项研究显示："结构性减速，构成中国经济新常态的主要特征"。[①]"2016 年将是中国宏观经济持续探底的第一年，也是近期最艰难的一年。各类宏观经济指标将进一步回落，微观运行机制将出现进一步变异。这将给中国进行实质性的存量调整、全面的供给侧改革以及更大幅度的需求性扩展带来契机，从而为 2017 年经济

[①] 李扬，张晓晶：《论"新常态"》，中国社会科学院经济学部研究报告系列，2014。

周期的逆转，为中高速经济增长的常态化打下基础"。①宏观经济稳定持续可期，主要表现为如下几个方面：资本外流风险可控，人民币继续稳中趋贬。CPI 依然温和，PPI 有望转正。但是投资带动的经济会继续走弱，政策预期再度摇摆，所以稳健仍是主基调。

（二）经济系统灵活性增强

国务院总理李克强 2015 年 3 月 5 日在作政府工作报告时说，稳定和完善宏观经济政策。继续实施积极的财政政策和稳健的货币政策，更加注重预调微调，更加注重定向调控，用好增量，盘活存量，重点支持薄弱环节。在保持定力、稳定宏观经济政策的同时，增强灵活性以提升调控的针对性和有效性。面对经济环境的不确定性，灵活性将成为政策的最主要特征，用政策应对上的灵活性来对抗外部环境的不确定性。

顶层设计，简政放权。自 2013 年 3 月 14 日，《国务院机构改革和职能转变方案》开始第七次政府机构改革到 2016 年 7 月，简政放权从顶层设计入手把该放的权放掉，进一步打通政府职能转变的通道，发挥市场主体的创造力，真正让市场而不是权力起到配置资源的决定性作用，有助于加快体制机制创新，使企业和产业在公平的市场竞争中优化升级，为转型提供"源头活水"，增强了经济系统的灵活性。公共决策，凝聚共识。一方面政府要把该放的权放掉，另一方面还要把该管的管起来，以克服霍布斯式的自然状态，即放任市场带来的"无政

---

① 刘元春,闫衍,刘晓光研究报告:《2015-2016 中国宏观经济分析与预测》,中国人民大学宏观经济论坛。

府主义"，导致为了利己心而采取类似盗抢的方式获取利益。这就需要凝聚共识进行公共决策，公共决策要实现民主化、科学化与法制化，这正是生态文明的价值追求。公共决策水平不断提升避免了决策思路僵化，保证了经济系统的灵活性。基层创新，谋求共赢。2015年李克强总理在政府工作报告中提出："大众创业，万众创新"。就经济发展层面而言，基于双创的基层创新模式在谋求公众、社会、政府共赢的基础上增强了经济系统的灵活性。填补政府调控与市场配置之间的空白，激发广大人民群众的创造力和能动性，使中国经济焕发新的活力，以灵活度提升整个经济的运行效率。关键环节的突破会引发蝴蝶效应，最终带动整个经济面的变革。

（三）经济纵深与宽度增加

2015年7月份以来，中国经济运行虽有波动，但积极因素也在不断积聚，新兴产业和高技术产业继续保持较快发展，制造业投资结构不断优化，消费保持平稳增长。中国经济纵深与宽度都在增加，具有前所未有的调整能力和抗风险能力。

2015年5月8日，国务院印发了《中国制造2025》纲要，部署全面推进实施制造强国战略。在后来的国务院讨论加快发展先进制造等问题的专题讲座上，李克强指出，推动中国制造由大变强，要紧紧依靠深化改革和创新驱动，加快实施"中国制造2025"和"互联网＋"行动，通过创业创新助推产业和技术变革，在转变发展方式中培育中国制造的竞争新优势，促进经济中高速增长，迈向中高端水平。三次产业结构中，第三产业的比重会稳步上升，就业结构中第三产业所占的比重也会相应提高。相比较农业和工业，服务业的人力资本密集型特征更为明显。特别是现代服务业的快速发展将创造出一大批以高端人力资本聚集为主要特征的高知工作岗位，人力资本成为行业发展的重要要素投入，相对于其他要素处于优势地位，必然要求获得更高的回报。

高收入就业比例的提高有助于进一步扩大中等收入阶层，促进形成金字塔形社会结构，能够更有效地发挥中等收入阶层在改善收入分配结构和促进社会稳定发展方面的积极作用。一方面，资源垄断性行业的市场化改革将进一步加速，以往凭借垄断权力获得超额利润甚至暴力的时代将一去不复返。另一方面，将建立起公共资源出让和使用收益的合理共享机制，并逐步健全国家自然资源资产管理体制，这将改变过去少数人通过非公平手段获取自然资源开采权并将绝大部分收益据为己有的现象。以形成基本公共服务优先、供给水平适度、布局结构合理、服务公平公正的中国特色公益服务体系为总体目标的事业单位改革，将推动正确评价高智商劳动的价值，特别是社会科学创新性劳动的价值，能够直接带动专业技术人员收入水平的提高。反腐败的深入推进限制了灰色收入。以往我国收入分配差距扩大不仅表现在各阶层显性收入之间的差距有不断扩大趋势，同时事实存在的庞大灰色收入使收入分配不公带来的社会负面影响更加突出。大量灰色收入实际上根源于腐败行为。反腐败工作力度的不断加大和反腐制度性保障水平的提高，能够有效限制灰色收入，对遏制收入差距扩大起到积极作用。[1]

---

① 王蕴，曾铮：《新常态下经济发展的包容度明显提高》，光明网 2016 年 1 月 7 日。

二、价值共识：人本、可持续、共享、理性

生态文明经济观念应当遵循一定的价值共识，新常态视域提供了价值共识的四个"面向"，即面向经济规律的人本价值共识，面向自然生态规律的可持续价值共识，面向社会规律的共享价值共识以及面向人自身规律的理性价值共识。

（一）经济的人本本质

1. 人是第一生产力。生产力要素的外延在不断拓展，却始终不能脱离开最初的三要素论即劳动者、劳动资料、劳动对象的划分，即使到当今信息互联的全球化时代，劳动者依然是生产力要素中最重要的方面，只是其内涵更加丰富，在生产力整体存在中发挥着更加重要的作用。由于劳动者是生产力因素中惟一的"活"的因素，最能体现生产力的全部自然和社会的属性，因此劳动者是第一生产力，经济活动必须体现人是第一生产力这一价值取向。作为自然生产力的人，他本身的身体就提供了生产的自然力量，身体的各个器官协调配合在脑的指挥下，完成各种体力的、脑力的、粗浅的、精细的劳动，其生产功能的灵活性和多样化是任何其他生物不可匹敌的。并且由于人懂得制造和运用劳动工具，更加延伸了自然生产力的范围和提升了它的力量，其水平还在随着人类整体科技水平的精进而不断提高。作为社会生产力的人，在与他人的交流商谈中展开经济活动，逐步确立了社会的经济基础与生产关系，提供了经济活动的社会空间。人在社会生产力层面展现了更加重要的决定性力量。人从最初被动的与自然、他人的依

赖与合作的生产关系发展到对后者的驾驭与操纵，人们在普遍异化的生产关系中发现了自己的社会生产力量，但是真正的人的力量的展现是人们主动地实现与自然、与他人的合作共赢关系，人的社会生产力方面才得到正确运用。

生态文明时代，人是第一生产力的价值共识要更新对两个命题的理解。其一，认为"生产力是人类征服和改造自然的能力"，这个概念解释已经沿用多年，但是其价值取向开始受到质疑。生产力在这个表述中就像人与自然之间的一道鸿沟或者一堵"柏林墙"，而事实上生产力像人与自然生态的血液，不仅是人与自然本身的重要部分，而且是人与自然二者的融合剂，自然和人都为生产力提供了重要力量，并且由于人的实践活动，由于生产力的运用，人、自然、生产力三位一体须臾不可分割。其二，认为"科学技术是第一生产力"，这种说法在激励科技发展方面发挥过历史作用，但是作为一种基础性的人类认知并无益处。科学技术的第一重要性使人本身发生异化，不是人创造了科学技术，而是科学技术控制了人，一方面让技术乐观论继续发酵、膨胀，剥夺了人的发展理性，盲目乐观过度解读技术的力量；同时使人被科技所掌控，人的力量和责任都被遮蔽，似乎人类面临的经济和生态危机都是技术发展的过错，而忽视了对人自身滥用技术的检讨与纠错。应当确立人是第一生产力的价值共识，充分发挥人的理性，用理性驾驭力量，承担经济发展的责任，应对发展中出现的问题。

2.经济活动的属人性。只有人类社会才有经济活动，因此经济活动的属人性不言自明。现实中却不尽然，经济活动常常发生异化，人的因素时常被弱化或扭曲。首先，经济活动应当是由人自觉谋划的，是理性有计划的。市场经济是人类发展过程中的"重大发明"，前所未有地激发出经济活动可能具有的能量，让人类在过去一、二百年间获得了以前成千上万年都没有获得的财富，但是市场这只"看不见的手"在长期经济活动中确实是"盲人摸象"，只见一斑不见全貌，循环往复的经济危机还没有找到解决的办法，日益加剧的生态危机更加严重地影响到人类未来的生存。市场经济的弊病日益突显，用人的理性规划来把控市场成为越来越多国家的价值共识，生态文明时代，市场背后必须有基于理性认同上的国家计划。

经济活动应当是人们理性参与的自觉过程。生态文明更要求经济活动要尽量减少盲目性，充分体现人的理性参与精神。经济活动中人们在劳动生产的过程中发生着关系，作为经济基础的生产关系应当是人主动建构的。生态文明是较以前更进步，人类有史以来最先进的社会形态，生产关系也应当是最进步的，人们的主动性就体现在他们对于这种进步性的体悟、把握以及反映之上，固然生产力是决定因素，但是生产关系的反向推动力同样重要，人们主动建构的生产关系应当是可以灵活变化的，以适应整体经济或具体经济活动中生产力状况的不断变化。

应当体现参与主体的权利平等原则，不受政治或者其他社会状况的影响，不受生产资料所有权不同的影响；应当体现机会均等的原则，在经济活动过程，不设置人为障碍，并且要消除市场自发形成的障碍，以保障所有公民参与经济活动的机会；应当体现公正分配的原则，扩展分配要素的内涵和外延，让每一种参与经济活动的要素都得到相应的公正的回报，物的投入、头脑思想的投入、资本的投入等都各有所得。最后要强调，人是经济活动的目的指向。几百年的工业化发展让世界忘记了经济发展的初衷，似乎经济活动只是为了经济繁荣的表象，物质生产不过是为了得到更多的物质产品，"越多越好"成了工业化以来的价值旨趣，人们忘记了经济活动本身的目标——最大多数人的幸福。经济活动是不是谋求了最大多数人的利益，如果不是，经济活动就违背了属人的本质，生态文明的经济活动更应如此，必须摒弃工业化状态下经济对人的背离，物质主义对人的奴役，同时超越后工业化对人真实存在的忽视，充分把握人的理性需求，将人的物质需求作为底线需求而不是终极追求，将自然环境纳入人的存在之中，提升和满足人的幸福程度。

（二）生态的经济可持续性

1、生态供给的有限性。自然界为人类提供了丰富的似乎取之不尽的生态供给，使人类的经济活动得以展开。事实上，生态供给分为可再生和不可再生两种。不可再生资源主要是指通过地质层的沉淀，氧化分解伴随时间的迁移以及地壳运动和高温高湿条件下的分子融合而产生的，自然界的各种矿物、岩石和化石燃料等是在地球长期演化历史过程中，在一定阶段、一定地区、一定条件下，经历漫长的地质时期形成的，与人类社会的发展相比，其形成非常缓慢，与其它资源相比，再生速度很慢，或几乎不能再生，人类对不可再生资源的开发和利用，只会消耗，而不可能保持其原有储量或再生。其中，一些资源可重新利用，如金、银、铜、铁、铅、锌等金属资源；另一些是不能重复利用的资源，如煤、石油、天然气等化石燃料，当它们作为能源利用而被燃烧后，尽管能量可以由一种形式转换为另一种形式，但原有的物质形态已不复存在，其形式已发生变化。一般可再生资源是指那些经过使用、消耗、加工、燃烧、废弃等程序后，仍能在一定周期（可预见）内重复形成的，且具有自我更新、自我复原的特性并且可持续被利用的一类自然资源或非自然资源。大部分的可再生能源其实都是太阳能的储存和释放。可再生的意思不只是提供十年的能源，而是百年甚至千年的。

随着能源危机的出现，要意识到可再生能源的重要性，更需要产生保护不可再生资源的意识。在可持续发展中应该加强建设，推广使用绿色资源能源。如：土壤、太阳能、风能、水能、植物、动物、微生物、地热、潮汐能、沼气等和各种自然生物群落、森林、湿地、草原、水生生物等。不可再生资源，主要是指化石能源，例如：石油、天然气、煤、煤层气、页岩气、一些电解化学能等，这种资源会一直消耗，并且在很长的时间内不能产生新的补充。过度消耗达到已无可用的程度，即说明此资源已枯竭。生态文明时代更应认识到生态供给的总体有限性，转变经济发展依赖消耗资源、能源的错误观念。

2. 可持续的需求供给。经济新常态的本质是节约、有序、高效、可持续，以往文明社会发展中出现的经济活动效率低下，生产盲目（如农业社会中农耕生产、小作坊手工业），生产过剩，盲目竞争，破坏环境，资源枯竭（如工业社会中的完全市场经济、垄断资本主义）问题都是新常态要避免的，生态文明时代的新常态经济对于自然生态提出"可持续供给"的需求。不同于工业革命以来，经济活动对于自然生态的控制性攫取，新常态对于生态供给的需求是协调互动的，前者的被动受制状态被后者的主动反馈状态所取代，供给过程不是一味索取的过程，而是双方适应与调整的过程，人类的经济活动发出需求——生态环境做出回应，过度需求与不恰当需求（这些需求可能打破生态平衡，带来生态危机或灾难）都得不到生态供给的响应，而以往社会状态中，生态供给并没有自主拒绝的反应机制，对于经济发展需求的一味满足违背了新常态的要义。由于良性反馈与调适机制的常态化运行，自然生态始终没有因为生态供给的付出而超出可修复的范围，经济活动的可持续需求反倒得到满足，形成经济与环境双赢的局面。

习近平 2006 年在《推进科学发展观在浙江的实践》演讲中就指出，工业化不是到处都办工业，应当是宜工则工，宜农则农，宜开发则开发，宜保护则保护。这种表述很好地表达了新常态视野中的经济发展思路，是生态供给可持续的价值旨趣。党的十八大提出，大力推进生态文明建设，增强生态产品生产能力。十八届五中全会通过的《建议》强调，坚持绿色富国、绿色惠民，为人民提供更多优质生态产品，协同推进人民富裕、国家富强、中国美丽。生态产品是生态供给的主要表现形式，既是自然环境的馈赠，又是人类对于自身生存与发展的一种需求。保障生态产品的可持续供给，关系人类生存、生产与生活的延续。清洁的空气、干净的水源和安全的非加工食物是人类得以生存的基本条件；丰富多样的可再生与不可再生能源与资源为人类生产与再生产提供原材料、动力和经济增长点。包括农、林、牧、副、渔和工业在内的传统产业，旅游、休闲、生态等的绿色产业，无一不依赖于自然生态的良性循环与原生环境的审美存续，当人们摆脱了生存困扰之后，对于自然美学的向往日益成为幸福感的重要来源之一，自然产品的生态效用日益大于其经济效用，供给的可持续需求提出更高的生态伦理关切。

具体看来，生态供给的可持续需求有这样几方面的价值共识。一是生产方式和消费方式的绿色旨趣，需求侧的生态化和绿色化保障了供给侧的可持续性；二是环境保护优于经济发展的价值导向，先发展再治理，以环境代价换取发展指标的时代应当成为过去了，保护生态大空间逐渐成为共识，包括纯粹的生态调节地区，城乡生态环境与生态生产区域。生态调节地区指原生态的山川河流森林草原等，要有限制开发、破坏补偿、生态修复的观念理念及政策措施；城乡生态环境的保护主要是控制城市空间开发和城市规模，防止城市生产开发活动过多挤压、侵占生态空间，乡村发展要严守耕地保护红线，留下更多良田，确保农村生态功能的正常发挥；生态生产区域指能源资源地区，适度开发合理规划十分必要，已经形成的生态难民区、矿产采空区、经济乏力区等要从生态公正特别是代际公正的角度进行补偿、修复、休养等，从长远角度恢复其生态供给的适度水平。

（三）共享经济的社会

1. 资源共享。资源的稀缺性决定了任何一个社会都必须通过一定的方式把有限的资源合理分配到社会的各个领域中去，以实现资源的最佳利用，即用最少的资源耗费，生产出最适用的商品和劳务，获取最佳的效益。经济新常态的价值前提就是对于资源有限性或者说稀缺性的认可，并据此摒弃浪费型、资源能源依赖型发展模式，进行结构调整和发展转型，资源有效配置成为新常态视域中的必由路径，从而自供给侧出发提供了发展共享经济的可能。

从资本逻辑出发的资源配置有效性体现在"利润最大化"方面，但是生态文明对于工业文明的进步之处就在于对资本逻辑的超越，生态文明要体现人自身的逻辑，自然生态的逻辑以及整体发展的持续性逻辑，这就成为生态文明资源有效配置的若干标准。

首先指由人的合理需求出发进行资源配置。生态文明以人为本的基本价值诉求决定了人的需求是资源配置的依据，资源配置要将最大多数人的物质、文化、生态、审美等方面的需求加以综合考量。这里要注意避免三个可能的偏向，其一是资源配置偏向物质需求的满足，忽视了精神生活方面，导致人们欲望的无限膨胀和资源的极大浪费，从主观和客观上都违背了生态文明的社会主旨；其二可能的偏向是走向强人类中心主义，强调"以人为本"要时刻注意以人为中心的人类强权意识的侵蚀，后者会导致控制、征服与滥用自然资源的观念和行为，使人与自然主客二分的历史重新上演，违背生态文明进步的价值取向；其三是在资源配置中忽视了最大多数人的指向，同样无法实现最优资源配置。当今世界呈现出严重的资源配置不均衡的现状，西方发达国家人口仅占世界人口的 20%，消耗物质材料和能源却占全世界的 80%，人均消耗能源和物质材料分别是发展中国家的 35 倍和 50 倍。美国人口不足世界的 5%，每年却消耗全世界开发资源的 34%，人均消耗能源及产生的废物分别相当于发展中国家的 500 倍和 1500 倍，世界范围的资源配置不均成为实现经济共享的严重障碍，致力于建设生态文明社会的中国在国家范围内要避免类似情况的阻滞与破坏力量。

其次指由生态环境自然存续出发进行资源配置。生态文明是建立在认可自然价值基础之上的人类文明状态，这也是经济新常态之"新"的要义之一，即在经济发展中将自然生态作为关切的维度，因此资源的有效配置同样要有生态环境自然存续的维度。资源配置要考虑环境容量即自然生态的可修复度，如果资源配置超出环境容量的许可范围，则生态的自然修复就出现问题，环境就出现恶化趋势，不加调整就会使生态环境持续恶化，带来生态灾难。还要考虑生态空间的结构，资源配置要充分考虑生态空间的结构最优化问题，生态空间结构是根据维持人类的自然资源消费量和同化人类产生的废弃物所需要的生产性空间的结构，包括给定区域实际生物承载力以及区域的可持续发展状况等，资源有效配置应当使结构稳定并实现空间区域的可持续发展，从而实现生态整体的自然存续。

2. 包容性增长。经济新常态对共享伦理的另一层表现就是包容性增长，即实现公平与效率并重的经济发展。包容性增长的另一种提法就是共享性增长，最基本的含义是强调公平公平。2005 年联合国审视"千年宣言"的报告中对"共享"作出如下解释：共享不仅是指共享经济增长的成果，同时也是发展、安全和人权的共享。只有共享，才会幸福。包容性增长要消除各阶层、各群体之间共享的障碍，让发展的成果惠及所有人，让所有的人共享成果。对国际社会而言，发达国家与发展中国家应互相尊重，共享平等的发展机会，对其他国家的和平发展采取包容的态度：对一个国家而言，包容性增长是指消除社会阶层、社会群体之间的隔阂和裂隙，让每一个个体融入经济发展的潮流中，享有平等的发展机会，分享共同的成果。

具体看来，新常态视域中的包容性增长有两个层面的意思，首先是经济效益、社会效益和生态效益之间的包容。经济效益是经济活动的基本目标但不是唯一目标，其权重不应该比社会和生态效益更高，这一点是有别于前生态文明社会的。农业文明始终处在自然生态的臣服之下，为衣食温饱从事经济活动，其时的经济活动缺乏现代经济的许多构成要件，对于经济效益的需求尚远远不能满足，增长的社会效益根本无力实现，至于生态效益，由于农业为主的经济活动对于自然干预基本可以忽略，也就谈不到产生生态效益，但是自然生态在无干扰状态下繁盛存续。工业文明开启了人类物质逐利之门，潘多拉盒子解放了力量也释放出恶魔，特别是工业文明初期和中期，追逐经济效益成为经济活动的唯一目标，不仅底层劳动者被奴役，就连资本家都被资本、被利润、被永无止境的欲望所奴役，社会效益不在考虑之列，物质主义、消费主义、个人主义、技术主义蒙蔽了人类的眼睛。自然生态纯粹成为人们追求物质享受的工具，自然也被奴役，与人对立起来，由于生态效益没有被纳入人类经济增长的视野，因此不仅谈不到生态效益，反倒造成自然生态的不断恶化、引发了全球性生态危机。这两种文明状态下的经济增长，不论增长的速度有多高，都没有实现包容性增长，都是有悖人类可持续发展实际目标的。生态文明对以往文明弊病的扬弃使包容性增长成为当今中国经济新常态的价值共识之一。从人的基本生存考量出发，经济效益仍然是生态文明经济活动的主要目标之一，但是对于经济效益的追求是适度的，根据经济总量的积累，从持续高速增长向持续中高速甚至中低速增长转变，从物质主义、消费主义、技术乐观等向适度伦理、精神满足、技术中立转变。经济活动应当更多地将社会效益作为追求目标，从少数人的获得感向更多数人的获得感转变，从经济体内部提升向社会正向辐射扩展，从当代人欲望的过度实现向人类社会整体长期存续延伸。获取经济活动的生态效益应该在反思工业化的基础上成为重点价值追求，当今发展应当达成生态效益是增长的必要条件的价值共识，无生态不增长，经济指标体系中必须纳入绿色指标，政绩评价体系中应当有生态考核的内容，例如当前中国有些地方已经实行的绿色 GDP 评价体系、生态不达标的一票否决制、生态决策的终生追责制等。

其次是社会阶层和群体之间的包容。包容性增长强调共同参与，共享成果，权利平等，弱势群体不应因其背景差异被孤立于经济社会发展之外，在参与经济增长、合理分享发展成果等方面不会面临能力的缺失、体制的障碍、社会的歧视。习近平在 2015 年 10 月中共中央召开的党外人士座谈会上强调指出，广大人民群众共享改革发展成果，是社会主义的本质要求，是党坚持全心全意为人民服务根本宗旨的重要体现。我们追求的发展是造福人民的发展，我们追求的富裕是全体人民共同富裕。改革发展搞得成功不成功，最终的判断标准是人民是不是共同享受到了改革发展成果。这段讲话充分反映了中国经济新常态下包容性增长的价值旨趣。其中包涵了机会平等和分配公正两个层面的内容，人人生而平等是不可能达到的，因为人们先天智力水平、身体状况、地区差异和家庭背景都不可能完全一样，但是后天机会应当平等，才能体现包容性增长的价值要义。机会平等不会自发形成，而要靠体制机制、政策法规来约束规制，用法治代替人治，用法理取代人情就能避免拼爹、找关系、用人脉的畸形发展模式；向老少边穷地区、经济不发达地区、资源能源枯竭型地区倾斜和引导政策、资金就能平衡地区差异，协调整体发展；制定保护和扶助残障人士及其他弱势群体的政策就能防止最低层群体的社会边缘化问题。具备了机会平等的经济增长才是符合生态文明社会要旨的增长。因为中国社会主义国家的本质和中国共产党执政为民的宗旨，分配公正在当今中国发展中早已是实质性目标之一，但是改革开放以来基尼系数持续高企，超越 0.4 警戒线一直被视为贫富县殊，中国基尼系数在 2009 年为 0.490，2010 年 0.481，2011 年 0.477，2012 年 0.474，2013 年 0.473，2014 年 0.469，2015 年 0.462，基尼系数自 2009 年来连续第七年下降，反映出新常态下经济增长对以往价值指向的纠偏，分配的公正价值取向正在通过各种政策法规得到体现，但是依然有许多工作要做，比如遗产税、房产税、养老实质性全民统筹、医保水平均衡提高等，用制度而不是单凭道德来引导先富带动后富，实现共同富裕。

在包容性增长中还要注意"和而不同"的问题，机会平等、分配公正、经济活动要把社会和生态维度纳入考量，诸如此类都不是鼓励"不劳而获"，都不能导致社会养"懒人"，吃大锅饭的时代一去不复返了，注重有差别的平等，承认差异性的客观存在，才能够调动各个阶层、人群的劳动和创造积极性，才能确保"包容性"前提下增长的实现。

（四）超越经济理性的理性的人

经济活动的展开离不开人，人的价值取向决定了经济活动的价值旨趣。新常态彰显了生态文明比农业文明、工业文明以及后现代文明更多的人的理性，包括在资本面前更大的自由度，对于幸福的更加非物质化的属人的理解，对于经济社会发展走势要适度更切实的认同等。理性是人之为人的最根本特征，更理性和更加懂得驾驭理性是生态文明时代人应有的状态。拓展康德对理性的分类，人确实要在三个层面体现自己的理性，一是纯粹思想的理性，头脑中要有敬畏、有信仰；二是实践行动的理性，要做符合道德评价的事；三是精神境界的理性，要有纯粹精神的审美接受能力。如此一来，人类就会有所为、有所信、有所求，在全面理性中体现人在自然生态中的不同角色定位。经济理性是将人视作经济人的理性假设，作为经济决策的主体都充满理性的，即所追求的目标都是使自己的利益最大化。具体说就是消费者追求效用最大化；厂商追求利润最大化；要素所有者追求收入最大化；政府追求目标决策最优化。由于经济理性对于人性的假设前提是认为人都是利己的，与生态文明整体主义发展思维与集体主义伦理指向相左，因此经济理性的片面性已经不能适应生态文明的时代要求，新常态下的经济主体应当是超越经济理性的理性的人。

1. 摒弃资本对人的异化。自从资本成为人类经济活动的主角以来，人就在与之纠缠之中，远近适度不断调适，直至当今世界也并未从整体上摆脱资本对人的理性的控制，人相对于资本的异化依然存在，并且局部范围内高度异化。"资本在具有无限度地提高生产力趋势的同时，又……使主要生产力，即人本身片面化，受到限制"。①在这一异化的社会总体中，劳动产品、劳动活动、生产关系以至全部社会物品、社会活动、社会关系、社会生产力及整个社会制度都聚合为一种不受人控制、反倒统治人的"异己的物质力量"，表现出与人相敌对的性质。个体发展没有自由或者自由度低，人被动地沦为物的奴隶，没有事实上的人的地位和状态，最可悲的是，他们大多数并不自知，这使得摆脱异化变得困难。与此同时，社会整体发展建立在人的受制状态之上，社会与人的发展相背离。

从人类发展的大历史背景看来，资本对人的异化阶段同时是人的理性力量积累的阶段，因为人的异化在牺牲个体发展的同时，不自觉地为社会整体发展创造了前所未有的物质财富，尽管后者在不断剥夺着人的理性和自尊，但是同时也孕育着自己的对立面。生态文明阶段就是其对立面——全面理性的人诞生的阶段，经济新常态从经济活动层面展现出可能性。被动牺牲向自愿奉献的转变是人的全面理性复归的标志，社会整体进步也放弃了对人本性摧残的方式，而是建立在自由地能够充分发挥人的创造性的基础之上，具体说，就是技术的适度

---

① 《马克思恩格斯全集》第 30 卷[M]，北京：人民出版社，1995 年版，第 406 页。

使用解放了人的劳动，经济收益的恰当追求释放了人的精神本性，合理透明的社会关系使资本不再霸权，而成为纯粹经济活动的工具。个体发展与社会整体发展不过是经济活动的一体两翼，走着同向促进的道路。

2. 摒弃消费主义。消费主义是新常态下人的理性应当重点警惕的东西，在宽泛地提出对人的异化的警觉之后，尽管消费主义不过是人被异化之后的表现，但是其对于生态文明实现的危害性和阻滞力量使得必须重点关注和坚决抵制。消费主义是马克思所提的"拜物教"的当代说法，表征人与物的关系。普遍看来，消费主义是人类获得物质或精神愉悦的一种活动形式。消费（Consume）一词的用法可追溯至14世纪，意同挥霍、用尽，而消费主义指的是物质极大丰富的前提下，人们处理物与人的关系的方案之一。资本主义出现以前，物品是劳动的直接成果，而物品的生产与交换通常在一地之内完成。这个时候，物品的价值是它的"实用价值"而非"交换价值"。在资本主义社会，因为市场的形成，人们在交换过程中人为的估量物的"价值"，扭曲了体现劳动的"实用价值"。消费主义的危害首先就体现在对人的全面理性的剥夺。人的全面理性包括从事各种活动中体现出的人之为人的责任和义务，消费主义只强调了经济理性的方面，放大了人对本能欲望的需求，遮蔽了人的其他理性方面，如政治理性、价值理性、审美理性、生态理性等，使得人成为单向度的片面存在的人，甚至于不能成为人本身。消费主义还造成对人自身价值的剥夺，由于消费主义下人的价值通过物的价值来体现，人自身的价值被物化、被符号化，在广告和媒体引导下，人们消费的不是商品和服务的使用价值，而是它们的符号象征意义，消费的目的不是为了实际需求的满足，而是不断追求被制造出来、被刺激起来的欲望的满足。真正的人的实在价值，人的"此在"反倒被虚化。消费主义同时还有可能造成公民社会的消逝。

消费主义的基本意识形态是市场关系，也就是在所有的人际关系中，市场逻辑成为指导原则，公民的基本权利变成需要透过消费来获得。如此一来，一般人必须先是积极的消费者，才能是好的公民，这便排除了经济上弱势的中下阶层民众在公民社会本应享有的那些"不论贫穷或富有都享有同等待遇"——如教育、医疗、养老保障等。公民身份随着消费高低而有高下之分，身份的普遍认同很难达成，不利于公民社会的形成和培育。对于经济新常态的共识从经济活动层面直接对消费主义说不，适度增长与包容性增长都在消解消费主义的影响，去消费主义成为生态文明经济观念的价值共识。

3.正确理解幸福。正确恰当地理解幸福的含义建立在摒弃资本对人的异化，特别是消除消费主义影响的基础之上。自有人类以来，人类的一切活动都是为了追求幸福，由最初的自发到自为再到自觉，对于幸福的理解始终与生产力的发展水平息息相关。原始人的幸福是能够活下来，农业社会的幸福是得温饱，工业革命以来幸福的标准过于物质化了，甚至让人们把幸福与否与财富的多寡直接等同起来，所谓的后现代，又将幸福与物质的关联直接消解，仍然有失偏颇。认识的深化是建立在物质生活的丰富之上的，人们在解决了衣食住行的基本生存需求之后，身体从劳动中解放出来，头脑也获得了思考的自由，对于幸福的理解就更加深入和理性了。人们发现幸福固然与经济收入相关，但更多地是一种主观感受。幸福是纯粹感性的东西，但是又需要人的深度理性才能把握。

尽管每个人对幸福的感知都不同，但是幸福还是有客观评价标准的。基本上可以有四个层次，一是物质满足，这是最低层次的幸福，却是人可以感知幸福的基础，纵然历史上西方有宣扬禁欲主义的"斯多葛派"，东方有"一箪食，一瓢饮"也不改其乐的儒家颜回，但是对于成圣之人的道德要求不能泛化为社会道德准则，不能要求社会普遍地放弃基本物质要求去追求空中楼阁般的幸福，如此一来反倒不利于培育健康的经济观念。二是精神愉悦，尽管依然是利己的，但是对于幸福的感知已经超越了物的层面，摆脱了人的生物性，体现了人的本性追求。精神愉悦主要通过丰富的精神生活获得，比如，保持童心的欢乐、激情、兴奋、对生活的美好感觉；在茫茫人海中遇到深爱的人，一起生活，彼此依恋；热爱自己的事业，带着激情在事业中积极奋斗，感觉每天都在获得存在的意义；有一颗宽容的心；具有审美的能力和行为等。三是思想自由，这是完全超越获得感的幸福，是人全面自由发展的基本要素。陈寅恪曾喊出"独立之精神，自由之思想"，认为当代知识分子应当具有这样的品质，其实作为每个生存的个体，思想自由都是必要条件，否则其存在就是不完整的、不独立的。可见，思想自由是难能可贵的，因此这个层次的幸福来之不易，幸福感也会更深刻。尽管思想自由是针对个体感受而言，实质上已经具有改善社会状况的意味，试想若一个社会的每个成员都有思想自由的权力和能力，思想的力量将何其强大，必将极大地推动社会进步，增进社会整体幸福程度。四是奉献社会，这显然不应该被视为利己的层面了。确实，生态文明的社会应当是集体主义包容个体主义并最终成为主流意识形态的社会，人们的幸福感应当最终体现在服务社会、造福人类的过程中。孟德斯鸠在《论法的精神》这样评价斯多葛派，他们"虽然把财富，人间的显赫、痛苦、忧伤、快乐都看做是一种空虚的东西，但他们却埋头苦干，为人类谋幸福，履行社会的义务。他们相信有一种精神居住在他们心中。他们似乎把这种精神看做一个仁慈的神明，看护着人类。他们为社会而生。他们全都相信，他们命里注定要为社会劳动。他们的酬报就在他们的心里，所以更不至感到这种劳动是一种负担。他们单凭自己的哲学而感到快乐，好像只有别人的幸福能够增加自己的幸福"。中国古代也有"先天下之忧而忧，后天下之乐而乐"的情怀，当代共产党人在革命和建设实践中也涌现出大量无私奉献甚至不惜牺牲生命的仁人志士。他们的幸福感来自为他人、为社会带来的幸福感，这是幸福的最高境界。

三、实践方向：经济全面生态化

以人为本、节约环保、注重质量和综合效益的生态化发展理念已经渗透到人类生活的各个层面。从生态学意义上来说，生态是一种自我集约发展、平衡发展、协同发展、良性循环的生命状态。在生态中，各生态因子不仅要使自身得到发展，更重要是彼此之间达到一种合理与健康的生存与发展状态。自我生长、协调发展、健康互动、良性循环是生态关系的核心特质。集约、平衡、动态、层次、差异、互动、宽容、开放是生态关系的基本要求，生态文明经济观念的实践就要基于这样的价值考量。

（一）经济人向生态经济人转变

生态经济人包括公众、企业、政府和研究机构组成的多元主体。"康德在《道德形而上学》的'法权论'中就明确谈到，人作为'私人法权'的主体，有权利占有自己的身体和身体之外的其他自然物，而这样被占有的东西就构成了他的'财产'。黑格尔认为作为一个独立的自由意志必须拥有对于外部自然物的权利，只有如此，人格作为一个自由意志才具有直接的实在性。"①也就是说，人对于自身及其周围自然环境的占有使人实现其存在本质。显然，如果只是经济价值的占有，人作为人本身是不完全的，因为单向度的经济取向生成的是片面的、异化的、物化的人，实现了经济人向生态经济人的转变，人才能在经济活动中获得全部的本质性存在。生态文明的经济活动主体必须是生态经济人，政府对于经济活动政策法规方面的引导要将消除生态外部性影响作为基本标准；企业自身的经济活动要从生产和再生产的各个环节将自然价值、环境容量、生态成本纳入考量；理论研究和科学实验都要从生态共生的层面进行经济行为研究；作为日常经济活动主体的普罗大众，更要运用生态美德来时刻约束自我，实现人的最本我的生存。

（二）经济活动单向度向循环效用转变

在生态系统承载能力范围内，运用生态经济学原理和系统工程方法改变生产和消费方式，挖掘一切可以利用的资源潜力，发展一些经济发达、生态高效的产业，在实现经济增长的同时获得生态健康、景观适宜的环境。实现经济腾飞与环境保护、物质文明与精神文明、自然生态与人类生态的高度统一和可持续发展的经济。这是生态文明经

---

① 彭立威:《试论生态化人格及推进人格生态化的意义》[J],《中国人口·资源与环境》,2012 年第 3 期,170-174 页。

济活动的根本要求。从生产过程的非生态性向生产全过程的生态化转向，从企业传统的技术创新向生态化技术创新转向，在技术创新过程中全面引入生态学思想，考虑技术对环境、生态的影响和作用，把生态效益与社会效益纳入技术创新目标体系，把单纯追求市场价值转向追求包括经济增长、自然生态平衡、社会生态和谐有序以及人的全面发展在内的综合效益，最终实现人类的可持续发展。当前提出的供给侧改革，从供给侧和消费侧对生态发展进行双向引导，产业结构的非生态向生态化转向，都使经济活动由单向度向追求循环效用转变。

（三）制度与法律保障的生态化转向

制度与法律保障方面要防止"钱穆制度陷阱"，即当一项制度出现了问题时，就立刻制定一项新的制度来弥补和替代它，而当新的制度出现新问题时，又再次制定一项甚至多项制度来补充它，结果是制度越来越多，不仅花费了大量的设计成本，执行起来还往往出现错综复杂、困难重重、代价过高的局面。这在生态文明建设中更容易出现，由于"先污染后治理"的传统思维导致。因此制度法律的制定也要有生态化思维。一方面，对生态技术创新给予制度和法律保障。生态技术创新的变革意味着成本高、周期长、短期收益低等风险，一般企业无法承受，因此，必须通过适当的生态化的制度和法律鼓励和引导企业开展生态技术创新，以此来培育生态技术创新的创新主体。另一方面，通过生态化的制度和法律改善创新环境。国家在相关的政策导向上应该有所侧重和倾斜，为企业生态创新活动营造良好的氛围，通过改善企业内部及外部环境因素，将技术创新生态化的理念灌输到企业精神之中，针对所处的生态环境，根据市场需求，制订生态技术创新战略，形成良好的以生态技术创新组织体系、产品开发过程管理体系和生态技术创新激励机制为内容的生态技术创新机制。法律和政策应当建立生态化技术市场需求评估制度和交易规则，建立一个使生态环境和自然资源成本内部化的价格机制，同时要保障一个公平的生态化技术市场运行机制。科技体制、企业体制和环境政策是生态化创新环境的主要构成部分。

第五章 文化共同体视域中的生态文明文化观念

　　文化共同体 "是基于每一个共同体成员内心中的道德习惯和道义回报"，①理解文化共同体的前提是理解 "文化" 这一范畴，在狭义视野中，文化是包括知识、信仰、艺术、道德、法律、习俗和任何人作为一名社会成员而获得的能力和习惯在内的复杂整体，并简约为社会成员基本划一的思维特征表现出来。"正如'文化'这个词所揭示的，人们所奉行的更高级发展阶段的伦理规则是通过重复、传统和范例来滋养的。这些规则折射出更深层的适应理性；它们也可以服务于经济理性目标；在少数案例中，它们可能是理性共识的产物。但它们在代际之间是作为无理性习惯来传承的。这些习惯同时也保证了人类永远不会如经济学家所描述的那般完全自私功利地行事"。②从此种意义上说，道德共同体是文化共同体的精神内核所在，因为一切文化的内涵终究要通过人们的思想和言行见诸于世，而每个人的道德品性或者价值观

---

　　① [美]弗朗西斯·福山：《信任：社会美德与创造经济繁荣》[M]，郭华译，广西师范大学出版社，2016 年版，第 13、43 页。
　　② [美]弗朗西斯·福山：《信任：社会美德与创造经济繁荣》[M]，郭华译，广西师范大学出版社，2016。

念都将是这个个体如何思想、如何言语以及如何行动的本原性力量。此种逻辑可以解释人类古典文明中缘何只有中华文明没有实质性的中断而一直绵延下来。

中华文化以儒学为道统，儒学又以伦理道德学说为线索和核心，不论古代中国实体性疆域是扩大抑或缩小，儒家的道德体系始终保持其引领地位，作为官学浸润了国家政治体制的方方面面，作为美德信仰成就了历史上数不清的君子豪杰，更作为社会意识培育出具有连贯性的德性社会。可以说，历史上的中国始终以德性文化共同体的形态存在着。近代以来文化殖民主义伴随着世界大战和经济全球化冲击着中国传统的文化共同体，一方面揭示出中国传统文化共同体的弊端，即等级制导致的精神固化，儒家本体化导致的道德迷信，自成体系导致的固步自封和保守退化等；另一方面也倒逼中国传统文化共同体的变革和完善，既需要内部调适增强现代性，又需要外部融合提升竞争力。当前中国文化共同体的走向是生态文明，文化应当基于生态文明的价值取向对政治、经济、社会、生活等方面发生影响。以怎样的道德共同体为核心？当今中国的文化共同体应当包含哪些主要内容？儒学在生态文明时代应当为文化共同体提供怎样的价值指向？建构新时代中国文化共同体的视域为确立生态文明的文化观念提供了平台和思路。

一、建构基础：价值观共享的"脱域共同体"

传统中国的文化共同体建构在农业文明的基础之上，家庭作为主要的共同体形式成为民族国家文化生成与培育的主要环节和场域。近代以来主要是改革开放以来，中国工业化进展迅速，全面发展的成效显著。但是，一方面农业文明基础之上的文化体系日益被瓦解，一方面工业文明的不完善与本身的反文明性又无法提供当今中国文化所需的良好土壤。家庭的文化引导力随着家族概念的淡化和人口流动性的增强而日益式微；西方价值体系中倡导的"公民社会"在中国以各种形式发展起来，比如各种行业社团、公益组织、社区自治等，却似乎缺乏自主自觉的文化创造能力；曾经发挥过决定性文化创制作用的"单位"随着市场经济的不断深化，其功能辐射范围的局限性日益增大，不仅不能成为社会文化观念的建构主体，而且可能导致文化共同体内部的分歧与分裂。当中国开始走向生态文明新时代，文化共同体视域为文化观念提供了新的适应中国发展的建构基础，生态文化及生态意识驱动下的政治、经济、社会文化使文化观念可以产生于更广泛、更灵活、更紧密的"脱域共同体"；文化共同体是建立在理性扎实的文化自信基础之上的，因此共同体成员的文化观念基于认同、共享的价值观之上；道德内核使文化共同体成为可能，文化共同体的存续还依赖于制度建设的跟进，生态文明的关键是具备生态文明制度体系，文化共同体和生态文明制度是走向生态文明过程的一体两翼，文化观念正是通过文化与制度的良性互动而生成。

（一）文化驱动下的"脱域共同体"

所谓脱域"指的是社会关系从彼此互动的地域性关联中，从通过对不确定的时间的无限穿越而被重构的关联中'脱离出来'"。[①]"脱域

---

① [英]安东尼·吉登斯：《现代性的后果》[M]，田禾译，译林出版社，2000 年版，第 14 页。

共同体"（disembodied community）相对于传统的地域性共同体。完全意义上的地域性共同体只存在于完全的农业文明时代，一体化、全球化、网络化弱化了地域性共同体的存在，人们交通便利、通讯联系简单，传统社会功能必要性减弱，家庭单位等的传统文化共同体功能弱化，技术发展带来的工业化已经使地域性共同体部分地、有限地存在，即便如此，地域性共同体的影响仍然十分巨大。其积极影响也是传统优势，比如使中国基层社会结构保持相对稳定，保护传统文化和精神的传承与弘扬，为人们的现代性转型提供心理归属感等。然而这些优势正随着社会结构的整体迁移而弱化甚至成为劣势，根植于地域性共同体的文化，其正向影响力不断消退甚至更多显现出消极面：观念更新慢、重人情轻法治、缺乏创新意识等。生产关系变革导致社会结构变化，相应地，社会文化也会出现新的要求与表达路径。正是在文化发展的内在要求下，"脱域共同体"正在成为文化观念根植于其上的新平台与新出路。因为"地理上的划分纯粹是人为的，根本无法唤起我们内心中的深厚感情，那种所谓的地方精神已经烟消云散，无影无踪……我们的行动已经远远超出了（地方）群体范围，我们对（地方）群体范围所发生的事也反应冷淡，一切都因为群体的范围太狭窄了"。①文化进场，地理退场，"脱域共同体"应当成为文化共同体主要的表达方式。

当今中国受文化驱动并且承载文化的脱域共同体主要包括职业群体特别是党政人群，社群组织以及更广泛的去中心文化群落。职业群

---

① [法]埃米尔·涂尔干：《社会分工论》[M]，渠东译，北京：三联书店，2000 年版，第 40 页。

体依然是文化共同体的重要组成部分，只是超越了以传统工作单位为界线的简单划分模式，而是以职业或行业大类为界。在国家范围至少是一个大的地区范围内进行统合式的划分，这样的分类也不一定依托于相关的行业组织，只是自然地根据从业性质、人员素质、社会认可趋势等自发形成。这样的群体也没有自己的组织形式和组织机构，而是由于内涵的一致性而逐渐形成自成一体的文化气质，通过群体外延而成为整个社会文化共同体的组成部分。这样的脱域共同体数量不少，比如整个教师群体，其中又可以按照幼师、中小学教师、大学教师分类开来，而大学教师中的所谓"青教"又应当与教授们分类开来。如此分类，脱离开某个学校、某个省份，而是从职业的文化内涵出发。分类又应当有各自细致的标准，太过笼统难以把握共同体的"共同"之处，影响文化观念的确定与培育。例如高校中的青年教师普遍生存和发展压力巨大，面临生活、教学、科研、晋升等一个个难题，在履行职业操守的同时，应当秉持怎样的文化观念，公德与私利之间如何权衡，健康与上进之间怎样平衡，这个共同体视域中文化观念如何适应生态文明时代的需求具有鲜明的职业特点。而教授和博导们生存压力小、占用资源优，是否应当在公私冲突时更多地考虑公利，在高教队伍中承担更多更高的道德责任，在文化观念的确立中更多地发挥健康的引领作用，应当引起重视。

在职业或行业的脱域共同体中，党政群体是特殊且重要的。特殊在于党政机关工作人员即公务员的工作性质有别于其他所有行业，是服务于国家社会全面建设的，服务于广大劳动人民的，而不是谋利的，其本质与其他行业的逐利性有天壤之别。国民革命时期，黄埔军校一副"升官发财请走别处，贪生怕死莫入此门"的对联道出了这个群体的工作特质和应有的道德要求。重要则在于，党政群体具有其他行业人群不可比拟的社会示范作用，党风、政风的好坏与社会风气和公民道德水准的高下呈正相关效应。因此，对于党政群体这个脱域共同体，确立好的文化观念至关重要。中国共产党自成立以来特别是执政以来持续开展整顿党风，纠正政风，端正学风的活动，正是认识到了自身文化建设的重要性，在生态文明时代，如何建设好文化观念这一重要阵地更加成为一个必须给出满意答案的重要难题。

社群组织在文化共同体中的重要性日益突显，成为必须高度重视的基本组成部分。社群有别于传统意义的社区，后者更多地是地理意义上的，社群组织中则相当一部分是由于基本相通的道德认同和价值取向而形成的，或许有时二者会有重叠，比如某一居民区的居家养老志愿服务队，在文化意义和地域意义上都具有共同体性质。社群对于思想上的、更加抽象层面的关联性强化了文化对于共同体内人们的思想观念的塑造，这种作用随着共同体脱域化水平的不断提高而日益增进，网络时代的社群组织具有虚拟化、灵活性、速效性、不稳定等诸多特点。网络联系的便捷使社群组织的形成与解体都在倏忽之间，为了一个暂时的共同目标人们通过锁定同一个关键词而很快结成群众性的文化共同体，比如数量众多的中高考家长群，"铁打的营盘流水的兵"，需要信息共享与交流的时候，家长们像亲人朋友一样分享信息交流思想，一旦尘埃落定，考试结束后的十几二十天内，原先一拨的家长们基本都会离开，陆续又有一批新晋的家长建群进群展开交流，可以说，这样的网络交流既是流动不羁的又是相当稳固的，关于教育、生命、生活、择业等的价值观念与信仰信念在一批批家长之间传播开来，并通过家长反馈到家庭和孩子中间，再影响到校园甚至社会生活。

虚拟化的文化交往拉近了精英专家与普罗大众的距离，只要联通网络，一个山村里的孩子就可以听到看到哈佛公开课。

当前中国的微信、微博提供给中国平民同精英互动的顺畅渠道。以微信为例，可以说，每一个文化名人的微信公众号都集聚起相当数量的共同体成员，从而形成一个个典型的具有文化特质的脱域共同体，比如公众号"张宏良"与"共识网" 分别代表着两种不同的社会思潮，其思想动向基本反映了两种价值指向人群的思想变化，对于了解社会意识变迁有一定参考意义。传统意义上的社群组织依然存在并且借由互联网的通讯便捷而发挥着更大的作用。当今中国的社群组织发展仍然滞后，脱域的文化共同体为社群发展提供了更广阔的空间和可能性，社群组织在生态文明时代将成为文化观念的重要建构基础。

广泛的去中心文化群落是更加松散意义上的脱域共同体，例如城市流动人群，大学生失业群体，留学归国群体等，这部分人群具有地域非同一与价值观念高度同一的双重属性，在地理归属上他们遍布中国大陆的每个区域，但是由于教育背景和社会归属的同质性，他们具有基本一致的思维方式与价值指向，就文化本身的内涵而言，他们具备了文化共同体的基本特征。所谓"去中心"指的是这些群体并没有一定的核心组织和核心理念，而上述两种脱域共同体在这一点上完全不同，职业群体以各种工作单位为组织形式，秉持一定的职业道德与行业观念； 社群组织也有各自非地域性的实体性组织机构，以相对明确的核心价值取向而聚焦成群。去中心文化群落尽管不以固定或稳定的机构或理念为中心，但是又显现出文化共同体的特征，这种看似矛盾的存在为文化观念的形成、传播与发展提供了更值得重视的可能性。

生态文明时代是融合了人类文明史进步方面的时代，对于工业文明的解构与超越就是其中应有之义，包括由强人类中心论转向生态整体论，由技术中心主义和技术乐观主义转向技术理性主义等，可以说，生态文明就是"去中心"的，生态文明时代人的观念应当是整体的、理性的、审慎的，对于文化（与人的头脑最接近）领域的观念更应如此。广泛的去中心文化群落的形成与普遍化为生态文明的文化观念提供了建构基础。以流动人群为例，文化观念的建构前提是流入地的文化认同问题。一方面，是流动人群被动地接受文化，当今中国城市人口中流动人群比例不断增加，并且与城市自身规模成正相关，越是大城市中心城市，流动人口数量越多，其中高学历的占比越高。由于流动人群往往来自行政层级更低、开放度更低、经济相对落后的地区，对于流入地文化自然生发出向往、迷恋与学习的趋同心态，所谓被动接受实质上也是基于主观意愿。随着人群流动，更进步的社会文化观念传播到更广泛的时空中，推动着相对落后地区的观念更新和整体社会观念的提升。另一方面，是流动人群主动发出的文化构建，每一种流动群体都带着自身群体的文化烙印，其中必定有积极可取的因素。流动群体中的高知人群文化构建的主动性更高，能力更强，融入感更切实，比如湖湘文化对于北京城市文化的人文影响就比较突出，或者说海洋文化日益深入地影响着内地文化的城市样态。流动群体中的农民工群体同样具有其独特的文化建构能力和意愿，中国传统文化中的艰苦奋斗、勤劳坚韧、热忱友爱、诚实守信等道德信念通过这个群体平凡朴实的劳动表现出来，涤荡着城市中的冷淡、麻木、自私，比如农民工救落水市民，工地工人伸手接住坠落儿童，地铁上装修工人怕脏座椅坐在地板上等，农民工群体同样用正能量引导着新时代城市的文化构建，是另一种更有建设性的文化认同。

（二）基于价值观共享的基础之上

"文化自信是更基础、更广泛、更深厚的自信"。[①]当前的文化自信建立在数千年文明孕育的中华优秀传统文化以及党和人民伟大斗争中孕育的革命文化和社会主义先进文化的基础之上，由此形成了共享的、具有认同感的价值基础，即社会主义核心价值观。社会主义核心价值观是当今中国社会与政治、经济相对应的主流意识形态部分的重要内容，作为国家上层建筑的组成部分具有文化的一切属性。

1. 深刻的人文关怀。人文关怀就是对人的生存状况的关怀，对人的尊严与符合人性的生活条件的肯定，对人类的解放与自由的追求，也就是关注人的生存与发展。社会主义核心价值观从国家和社会等层面表达出人文关怀的特征，是社会文明进步的标志，是当今中国人的自觉意识提高的反映。国家层面的价值观既具有超越民族、超越国家的世界性，又具体关切到国人生活状态，具有民族性。

富强、民主、文明、和谐从物质文明、政治文明、精神文明、生态文明等多个层次展现了中国负责任的国家价值导向，既吸纳了西方工业化以来的优质价值成果，又提炼了中国传统价值理念的优秀文化，批判借鉴为当今中国所用，表述相同但含义更加丰富并符合当前发展趋势。富强是为最广大人民谋福利，消除贫困，在全民范围内实现小康，走向富足，为世界繁荣做出贡献；民主是中国特色的社会主义民主，是党内民主和人民民主相统一的民主，政治协商制度为主导的人民广泛参与使人民当家作主有了政治体制上的保障，为世界范围内消灭独裁专制，实现政治民主提供了范例；文明更多地关注到精神层面，

[①] 习近平 2016 年 7 月 1 日在庆祝中国共产党成立 95 周年大会上的讲话。

让当今中国充分体现出制度的先进性和优越性，超越物质主义的追求和束缚，让人民群众有更丰富的精神文化享受和更高尚的思想境界的追求，为全人类摆脱物质主义、消费主义束缚，回归人之为人的本质提供了应有的价值标准；和谐是中国传统文化的特色，但社会主义核心价值观中的和谐相较于传统和合文化的和谐有了更丰富的内涵和更深远的意指。除了对传统文化人伦纲常加以改造后的人与人、人与社会的和谐外，还有对传统"天人合一"理念批判吸收后的人与自然和谐的价值旨趣，更有对国与国关系、民族之间关系等的世界和谐的价值追求，人文关怀与全球化的世界情势相结合，从确立国家层面价值观的高层次上，对世界人民的生存状态加以关照。

自由、平等、公正、法治的价值观念体现了社会主义制度下社会层面的人文关怀。经典马克思主义认为，自由是人的最高本质，马克思终其一生的理论和实践活动就是为了实现人的全面自由。同时自由又是相对的，人必存在于一定的社会之中，社会的人的自由只有在社会中才能实现，它既非国家价值观所指，又非个人价值观可以企及，因此在社会价值观中的自由，其人文关怀才是从现实出发的，也才有实现的现实路径。平等的价值理念既是对中国漫长封建等级观念和制度的价值颠覆，又是对资本主义虚假平等、抽象平等等价值虚化事实的批判与重构，是社会主义制度人文情怀的现实表现。当今中国社会是人民当家作主的社会，阶层分化、利益固化等导致广大人民群众产生不平等的社会心态是必须加以纠正的。从形式平等上升到实质平等，重点实现机会平等，充分体现社会主义制度的人文关怀特质。公正同样是国际社会主义、共产主义运动的价值追求，是当今中国社会制度的题中应有之义，以人民为根本，关心弱势群体，关切最广大人民群众的切身利益，社会主义核心价值观对于公正社会的价值追求体现了深切的人文关怀。从根本上来说，人们的幸福感不是来自充裕的物质或者精神享受，而是来自社会公正带来的身份地位的认同感及存在感。当今中国发展出现的财富与幸福感增长不同步的情况，主要源于社会公正缺失，特权的存在，贫富差距扩大剥夺了人的尊严与价值，因此在社会层面确立公正的价值导向是社会主义人文关怀的必然选择。法治是现代国家的标志，法治社会下才能产生具有法治意识的现代人，可以说，法治是自由、平等、公正等社会价值得以实现的保障，是基础性的社会价值理念。只有依法执政才能最大限度地保障人民群众的根本利益，充分体现中国共产党领导下的社会主义中国的制度优越性。人文关怀的感性需要法治精神的理性来约束规制从而体现出来。中国礼法传统与西方业已成熟的法治实践结合，去弊取精，去伪存真就可以形成适应当今中国发展的法治价值观。

2. 强大的教化功能。作为当今中国主流文化形态的社会主义核心价值观从思维方式、交往方式、生活方式等方面发挥其"以文化人"的教化功能。社会主义核心价值观首先改变和重塑人们的思维方式。当今国人的思维方式主要传承于中国五千年形成的传统思维方式，即感悟多于分析，感性大于理性，整体把握多，细节钻研少，此种思维方式已经基本被认定为所谓"李约瑟难题"的思想方法论根源。近20年以来，几千年的思维传承似乎受到强烈震荡，西方工业化以来以理性分析为主要特征的思维方式被大量引鉴，工具理性又仿佛成为解决中国发展困境的钥匙。解决具体问题，关注当下情境，确实让中国迅速成长为世界第二大经济体。但是各种现实问题接踵而至，贫富分化、阶层固化、生态恶化、增长乏力等。

当今中国应当用怎样的思维方式来整合思路看待发展？社会主义核心价值观的提出适应了这样的现实需求，为改变或者重塑人们的思维方式提供了价值引导。那就是在整体把握的情况下具体问题具体分析，具体情况具体对待。整体思维与分析理路皆不可偏废，更要从马克思主义实践论的视角出发，用实践引导思想。整体把握首先体现在社会主义核心价值观的表述中，既关照到国家、社会、个人等不同层面的价值判断与追求，又从经济、政治、社会、文化、生态等发展角度提出价值引导，系统论、整体性的思维贯彻其中。分析的思维方式也充分体现，针对当今中国法治状况不完善的现状将建设法治社会做为社会主义中国的价值目标，针对行政过程中的欺上瞒下、弄虚作假，企业经营中的夸大欺诈，伪劣猖獗，人们之间存在的互不信任等不良风气，将诚信作为每个个体自我修养的重要伦理规范。可以说，社会主义核心价值观的 12 个价值目标都是对当前中国发展中存在问题和现实期望的价值回应。

社会主义核心价值观作为一种文化形态还将教导人们以恰当的交往方式成为集自然人、社会人、生态人为一体的生态文明时代的人。作为自然人，是与自身交往的人，即加强自身道德修养，提升个体素质，追求至善至美。就个体而言，要热爱国家，不忘根本，要热爱工作，不忘奉献，要有社会责任感，诚实守信，要心中有爱，友好善良。仅仅拘泥于个体价值的个体修养还远远不够，每个人都对社会的自由、平等、公正、法治等价值追求负有责任，因为每个个体都在社会中生存，是社会有机体的一分子，社会价值的提升同样关涉到每个人的生存与发展。同样，社会作为无形存在依存于国家这样的有形存在，国家为社会的存在进而为每个公民的存在划定了边界，也提供了保障。

在国家范围内的富强、民主、文明、和谐将惠及全社会，惠及全体公民，因此每个自然人素质的提升最终都将惠及自身。作为社会人的交往，即传统意义上的人伦，社会主义核心价值观引导当今国人打破传统等级观、人情观等中国文化中劣根性的东西，将现代交往中的协商、公平、透明、依法等价值指向作为当今中国社会人与人交往的基本准则。作为生态人的交往，既要吸取传统文化中"天人合一"的生态伦理意蕴，又要重新评估天与人的价值地位，在坚持以人为本的前提下，将人与自然视为共生共荣的生态整体，在调整人与自然、人与社会、人与人自身的关系中实现生态人的理想存在。社会主义核心价值观中的富强不只有物质的极大丰富，还应包括自然界——人的无机身体的繁茂富庶，文明涵盖了包括生态文明在内的五位一体的丰富内容，和谐是包括了人与自然和谐的大和谐观，法治内含着诸多环境法的内容，社会自由也包括了人类社会在与生态环境交往中的自由等。社会主义核心价值观用整体性的大视野对人给予全面教化，从而引领着当今国人生活方式的价值取向。

二、价值共识：共生、生态化及多样性

文化与价值的关系大致如此，文化就是价值观念，而后者具体来讲是一种关联性的价值权衡与价值判断，由于做出价值判断的主体终归要落实到一个个鲜活存在的人或事，而价值评判对象也必定是各种生存样态的人与其他的关系性存在，文化观念与价值判断就联系在一起了，它们或者化约同一，或者前者以后者为核心与基础。因此，文化共同体视域中的文化观念必定是基于某些价值共识基础之上的，对

于生态文明之社会形态的国家和民族认同提供了形成价值共识的时代背景与现实可能，文化共同的民族体认令找到这样的价值共识更具有现实性。柏格森说："我们的道德的大部分包含着责任，……这些责任都是日常实际的事情。"①于是，回到生活世界本身，在人与自然的关系之中，在人们的生产生活实践中，追寻多元存在，成为生态文明文化观念的价值共识。

（一）人与自然和谐共生

共生（Symbiosis）是生物界中普遍的现象。正如达尔文所说的，自然是"一个伟大的合作的综合体"。人与自然共生的伦理根基在漫长的人类历史实践中长期被忽视，对待自然的工具理性长期盛行，更多时候表现出的是自然为人而存在，人为自然存在的伦理原则往往被忽视，"环境的改变和人的活动或自我改变的一致"很难达成。唯物史观不仅强调共生，而且赋予生物学意义上的共生以新的内涵。将社会引入自然领域，把人包涵在了生态共生的范畴之中，人与自然的辩证统一是历史造物的精致产品，成为生态共生不可打破的伦理内核；而人与自然不断进行的物质变换及其推动进行的新陈代谢展示了生态共生的伦理实践；物质变换的失衡并造成的新陈代谢断裂是达成生态共生的障碍，人类社会发展追求的共生至善就是要实现人与自然乃至整个生态—社会整体的可持续共存。"只有在社会中，自然界才是人类合乎人性的存在基础，才是人的现实生活要素。只有在社会中，人的

---

① [法]亨利·柏格森:《道德与宗教的两个来源》[M],王作虹,成穷译,北京联合出版公司,2014 年版 35 页。

自然的存在对他来说才是合乎人性的存在，并且自然界对他来说才成为人"。①人与自然的和谐共生必须在人类社会中才能实现，并且以人类文明，确切地说以文化的形式表现出来，生态文明正是共生价值的伦理指向，人与自然的和谐共生应当成为其时文化观念的价值共识。

(二) 生态文化的原生价值

"文明是对人最高的文化归类"，②而"生态文化是传承中华民族优秀传统文化与生态智慧，融合现代文明成果与时代精神，促进人与自然和谐共存的重要文化载体"。③生态文明的文化观念不等同于生态文化，但是后者的重要性不言而喻。生态文化一方面直接体现了生态文明时代文化应当具备的生态伦理价值指向，另一方面在生态文明文化观念的构建中具有原生的价值推动力。生态文化的原生价值在于它是生态文明时代其他文化现象的直接原因，体现了人的根本特征，并且内涵着实践的意义。由于文化的主体是自然的人与人的自然，因此可以说，"文化根源于自然，要彻底认识文化，只有联系其根源的自然环境，这是事实。但是，像根源于土壤的植物不是由土壤制造或造成的一样，文化并不是由其根植的自然环境所制造的。文化现象的直接原因是其他文化现象"。④生态文明时代，生态文化因其与自然生态最接近的特质而成为其他文化现象的直接原因，具有鲜明时代性的原生

---

① 《马克思恩格斯文集》第 1 卷[M]，人民出版社，2009 年版，第 187 页。

② [美]塞缪尔·亨廷顿：《文明的冲突》[M]，周琪译，新华出版社，2013 年版，第 22 页。

③ 江泽慧：《弘扬生态文化 推进生态文明 建设美丽中国》，人民网 2013 年 1 月 11 日。

④ [美]唐纳德·L.哈迪斯蒂：《生态人类学》[M]，郭凡，邹和译，北京：文物出版社，2002 年版，第 5 页。

价值。"作为文化动物的人的根本特征是追求意义，而不是追求物质财富"。①因此，生态文化摒弃物质主义、消费主义、技术至上论、人类中心主义等现代化思想困境，倡导精神的、绿色的、整体的、审慎的人类生存方式，突显了作为文化动物的人的本真存在样态和价值追求，为生态文明时代文化观念的创制提供了原生动力。生态文化的核心内容是中国传统文化中通过劳动生产实践而形成的生态智慧，其实践性具有鲜活的生命力，在当今中国生态文明的建设实践中，生态文化与现实状况的结合必定因其实践本质而发挥重要的推动作用。

（三）倡导文化多样性

生态文明作为一种社会样态，进步之处就在于其对于以往文明的优势融合，与另一种后工业文明——后现代文明相比不是解构的，而是建构性的，不是混沌化的，而是立体逻辑的。生态文明的建构性体现在它对于以往文明批判基础上的超越性吸收，对于农业文明生产力落后的批判基础之上建立新型和谐的人与自然共生关系，对于工业文明导致生态危机的批判基础之上建立可持续的整体增进模式；生态文明的立体逻辑体现在去除人类中心主义之后的以人为本，超越生态中心论的整体主义以及摒弃消费化、广告化发展理念之后的生态化发展思维。因此，生态文明的文化观念逻辑清晰且兼收并蓄，多样化的文化生态是这个时代的文化特征。

美国人类学家基辛说："文化的歧异多端是一项极其重要的人类

---

① 卢风：《论生态文化与生态价值观》[J]，清华大学学报（哲学社会科学版），2008 年第 1 期，89-98 页。

资源。一旦去除了文化间的差异，出现了一个一致的世界文化——虽然若干政治整合的问题得以解决——就可能会剥夺人类一切智慧与理想的源泉，以及充满分歧与选择的各种可能性"。①文化多样性是各群体和社会借以表现文化的多种形式，这些表现形式在他们内部及其相互之间传承。尊重文化多样性既是发展本民族文化的内在要求，也是实现世界文化繁荣的必然要求。习近平总书记指出，"文明是多彩的，人类文明因多样才有交流互鉴的价值"，可以说，文化多样性的内在结构和意义内涵，是对文化多样性保持正确态度和立场的重要根基。多样性在文化现象中体现其价值指向。文化多样性认同多元文化的积极性，这种认知并不是始终就有的，并且在历史的各个阶段都受到文化霸权主义的挑战。法国学者阿芒·马拉特认为，"多元"一词在欧洲帝国时期重新找到通用于拉丁文中的定义，而且古法文及中古世纪法文也沿用该定义，那就是野蛮、低劣、粗暴。中世纪欧洲，拉丁文化是正统标准，信仰则全面基督教化，追求正统体现在起名字这样的小事上，今天欧洲人中最常见的彼得、约翰、雅克、玛丽等名字都来源于基督教。据统计，12 至 14 世纪欧洲最受欢迎的名字是约翰，根据法国历史人类学者让·卢克·夏赛尔的分析，这一方面和圣经中有两个以约翰为名的重要人物——施洗者约翰和《约翰福音》作者使徒约翰有关；另一方面，当时天主教会的首脑罗马教宗也特别爱用约翰，从 5 世纪到 11 世纪，以约翰为名的罗马教宗有十九个之多，这引发了西欧贵族和民众的仿效，1215 年被迫签署《大宪章》的"无地王"约翰的名字即

①［美］罗杰·M.基辛：《当代文化人类学概要》[M]，北晨编译，浙江人民出版社，1987年版，第 283 页。

由此而来。到了 20 世纪以后，随着工业化和全球化的深入，人们的世界公民意识逐渐增强，对于他者文化由不排斥到感兴趣，由认同到学习，人们发现，没有一个民族、国家、社群或个人可以掌握全部真理，没有一种文化可以完美回答更谈不上能够解决人类社会的一切疑难。每个民族、每种文化都因其文化特质可以在解决人类面临的各种问题时，贡献自己的经验、价值和智慧，正如费孝通先生所言"各美其美，美人之美，美美与共，天下大同"。

文化多样性还表现为文化是历史的而不是静态的存在。任何文化都不是固定的、僵化的，而是在历史长河中不断深化的过程。维柯认为，任何民族都要经历神治时代、人治时代和平民统治时代。黑格尔以自由为理解历史的线索，认为东方世界只知道一个人的自由，希腊和罗马人知道少数人是自由的，日耳曼人受基督教影响知道全体人是自由的。在认识到文化演变的普遍性的同时，还要看到不同地区、不同民族文化演变的特殊性。不仅进入各个历史阶段的时间点不同，而且演进的方式和道路也不尽相同，不能简单地用"孰优孰劣"来做出价值评判。在文化交流的过程中，如果我们要"将一种模式从一个国家输到另一个国家，反映了头脑简单或者狂傲自大或者两者兼而有之"。[①]文化特殊性正是保证文化多样性进而使人类文明延续的重要因素。

文化多样性同时在文化间和文化内部发生。多样性议题并不始于当代，但显然只有在全球化的当代，重要性才得以凸显。世界近现代历史确实更多体现为西方文化的强势扩张，而中国这样历经几千年不

---

①［英］C.W.沃特森:《多元文化主义》[M],叶兴艺译,吉林人民出版社,2005 年版,第112 页。

衰而传承至今的文化传统，也不同程度地受到西方文化的深刻影响。但全球化之于多样性，并非只有压制和同化。应当把全球化与本土化理解为同一进程的两个方面，本土化当然是多样性的一种表现形式，但全球化也给一个文化共同体带来了新的不同成分，也是多样性展开的一种形式。这里至少有两个议题。其一，全球化激活了本土化，既使不同文化之间拥有更多体认、交流、沟通的机会，凸显了各文化的历史传统和特殊价值，又激活了对维护世界文化多样性的关注，由此出现本土化、区域化与全球化、产业化齐头并进的势头。其二，全球化增加了文化内部的多样性。去边界意义上的全球化，可能破坏国家意义上的文化自主性，也可能唤醒非国家意义的文化自觉性。事实上，我们会发现存在着两种类型的多样性："文化内的多样性"与"文化间的多样性"。当一种文化传播进入到另一种文化时，后者内部由于选择范围大了，多样性增加了，但两种文化由于更加相像而降低了多样性。问题的关键不是多样性的程度高低，而是带来了哪一种多样性。跨文化交流能够增加文化内的多样性，而不是文化间的多样性，不能简单说全球化只造成文化趋同甚至同质化。

三、实践方向：生态化的认知、判断、审美与行动

从认知层面、价值层面、审美层面和行为层面来寻找生态文明文化观念的实践方向。

（一）认知层面：生态知识观念

哲学家苏格拉底在几千年前呼喊"认识你自己"，开启了关于人的

认知革命；千年以后，现世之人应当发出"认识自然"的呐喊，将大自然的一切知识纳入人类学习视野。这当然是源自我们对于自然认识的欠缺或偏颇，更多地是对于我们知识体系基础的反思与反正。千年以前人类需要认识自身，是因为人的整体发展水平低下，过多受制于外部环境与自然改变，人的能力与意志都亟待开发。经过漫长的发展历程，特别是工业革命以来，人类的最大失误就是过多地关注自身，关注自身的物质满足，人类中心主义、技术乐观化甚嚣尘上，膨胀的野心和欲望遮蔽了理性与自由意志，一方面是自然科学知识的不断增进，一方面却是自然环境的日益工具化。人们似乎更加认识自然，同时却更加背离自然，我们似乎更多地与自然产生着交集，自然却不断惩罚着我们的行为。"认识自然"必须被视作"认识你自己"的重要组成部分了，关于自然的科学知识应当在人类理性中加以重构。

认识地球上的生物。地球上的生物只占据了地球薄薄的一层，这一层承载了全部生命及其活动的领域称为"生物圈"。地球在漫长的形成过程中，分化出了大气圈、水圈和岩石圈。当原始大气圈和原始水圈在早期地球上出现时，地球只是一个荒寂的、死气沉沉的世界。生命在原始海洋中出现以后，即参与了对大气圈和水圈的改造。原始蓝藻改变了大气的成分，为生命登陆做了最初的准备。经过漫长的演化，生物终于登上并占领了陆地，又进一步对岩石圈施加影响，从而促进了地球表面的万物更新，乃至逐步形成了分布于地球"三圈"之中的生物圈。生物圈中生命以其巨大的生命力占据了地球上的广阔空间，从炎炎赤道到寒冷的两极；从干旱的沙漠到蓝色的海洋；从土壤深层到海拔几千米的高空，山川、平原、江河、湖海，无处不有生命的足迹。但是，绝大多数的生物分布，却限于地球表面高度 100 米以内。

当然也有特例，如鹫鹰可扶摇直上 7000 米；喜马拉雅山海拔 6000 米处仍有一些绿色植物每年留下它们的种子；甚至某些昆虫也可被气流带到 220000 米的大气层；在 5000 米的深海中可以找到乌贼，人类捕鱼的最深记录曾达 8350 米；在很深的储油层，也有能耐受高达 3000 大气压的微生物。即使这样，生命活动的极限也只不过上达 15-20 公里高空，下至 10 公里的海底，如果把地球看作一只苹果，这个范围只相当苹果的果皮。芸芸众生就在这薄薄的一层果皮中生息繁衍，一代又一代，已达 35 亿年之久。至今，人类还没有发现有生命存在的其他天体。因此，我们乘坐的这只小小的宇宙飞船在茫茫的宇宙中孤独地飞行。如果我们的宇宙条件发生了变化，如果我们破坏自身生存的环境，如果我们耗尽了几十亿年原始生物给我们留下的宝贵资源，等待我们人类的只有毁灭。

认识太阳与生命。我们的地球有幸占据了太阳系九大行星的最优势距离，40 亿年前的年轻地球，恰恰是因阻挡了太阳的强烈辐射而孕育了它早期的生命。原始大气中的水蒸汽聚为云层，挡住了太阳的毒焰，才使地球逐渐变冷，原始海洋的诞生改变了地球的命运，而最初的生命又恰恰是能够吸收和利用太阳能的藻类。现今地球上形态万千的绿色植物都是由单细胞藻类进化而来的。阳光对绿色植物在地球上的分布可说起着决定性作用。在海洋里，阳光透过海水，随着深度的增加，光量越来越少，到 200 米以下的黑暗带，需进行光合作用的植物就难以生存；在陆地上，强光照射下的植物和阴暗处生长的植物也有很大的区别。地球上绿色植物的光合作用是地球对太阳能接受的重要方面，绿色植物中的叶绿素分子吸收了光能，并将其转化为生物化学能，固定在它利用二氧化碳和水而制造的有机化合物中。它们有的直接供给人们的需要，如粮食、蔬菜、水果、木材、棉花等等，有的则转化为动物的身体后才被人们利用，如畜产品、禽蛋、鱼虾等等。但是人们往往更多地注意到光合作用是一个制造食物的过程，事实上，光合作用的副产品——游离氧，更是改变地球上生物种类，并维持这些生物生存的重要条件。绿色植物不仅为各种动物直接或间接地提供食粮和氧气，同时，将其贮藏的太阳能伴随着自身的遗体埋藏于地下，供给我们这些在地球上迟到的人类以能量。人类目前使用的能源，主要是煤炭、石油、天然气，这些物质直接或间接都是远古时代的动植物遗体或残骸在高温高压下经过许多世代变成的，也就是说，人们今天使用的能源主要是亿万年前通过植物的光合作用在漫长地质时代蓄积起来的太阳能。显然，每个人都切实认识到，太阳对地球上生命的作用远不止于此。

认识生态系统自动调节平衡的能力。生态系统自动调节平衡是通过系统的自身反馈来实现的。当某一草原上的鼠类成灾时，植被受到严重的破坏，就会造成食物缺短，因无食物，鼠类的数量就会下降。同时，鼠类成灾时，也为食鼠的动物提供了丰富的食物，这类动物的数量就会增加，鼠类就会大量被食，数量也会下降，最终草原会得以恢复。这个事例说明在生态系统能量流动与物质循环中，每一种因素发生变化，其结果又会反过来影响和限制变化的因素本身。"变化"就是一种反馈，"限制"就是一种调节，"恢复"就是自身调节的结果。任何生态系统都有这种自动调节平衡的能力。但是这种调节的能力是有限度的。超过了一定限度，生态系统就会失去调节的能力而发生生态危机，人类不加节制的活动就是这样一个危险因素。

（二）价值层面：生态伦理观念

生态伦理观念是生态文明社会重要的价值观，引导人们不是从经济利益出发，而是着眼于生态效益；不是从眼前利益出发，而是放眼长远；不是从个体私利出发，而是关切整体生存。"如果群体的目的不是以经济目的为主，那么个体会很容易认同群体的目标而非考虑个人的狭隘私利"。①文化观念中生态伦理观的内容让生态文明的文化观念更易为社会整体所接受，体现文化共同体的价值优势。

自然生态具有自在价值。包括它的外在价值和内在价值。外在价值在文化层次，它对人具有商品性和非商品性价值，即作为人的工具为人利用的价值；内在价值在生命和自然界的层次，它本身在地球上的生存，这种生存是合理的有意义的。美国国立生态分析和综合研究中心，一个由生态学家和经济学家组成的研究小组，估算了地球的生态价值，包括空气、海洋、河流和岩石的价值。这个研究小组在英国《自然》杂志发表文章说："就整个生物圈来说，每年它向人类提供物质的价值估计在 16 万亿至 54 万亿美元之间，平均每年为 33 万亿美元。这肯定是个最低估计。这些物质大多数是市场上买不到的"。②且不说自然生态巨大的经济价值，单从它对于世界经济运行的环境支撑作用来说，自然价值巨大而不可估量。正是由于生命和自然界堪称无价之宝，因而它是有生存权利的，人类对它的生存是负有责任的。

人对生命和自然界应有恰当尊重和责任。德国哲学家尤纳斯说：

①[美]弗朗西斯·福山：《信任:社会美德与创造经济繁荣》[M],郭华译,广西师范大学出版社,2016 年版,第 148 页。

②余谋昌:《关于人与自然的札记》[J],清华大学学报(哲学社会科学版),2001 年第 2 期,79-85 页。

"人的行为已经涉及到整个地球，其后果影响到未来。因此，人类应当承担的义务亦应有同步的增长。我们大家都是人类集体行为的参与者，都是这一集体行为所带来的成果的受益者。现在，义务则要求我们自觉地节制自己的权力，减少我们的享受，为了那个未来的我们眼睛看不到的人类负责"。①总体来看，生态伦理观念从现在扩展到未来，顾及遥远的人类与世界的未来；从区域扩展到全球，顾全球范围的人类生存条件；从人际关系扩展到生命和自然界。它关心未来，关心自然，关心后代，关心整个生命和自然界。其目标不仅是使现在及未来的人类生活得好，而且是保护整个地球上人与其他生命生存的基础，保护人类、生命和自然界。"当一个社群共同遵守一套道德价值观，并以此建立对彼此日常诚实行为的期许时，信任就产生了"，②价值观的共享比价值观的内容更为重要，而内容的共通性使共享更有效，生态伦理的价值观共享由于其内容的整体指向性而更具可能性。

　　包含了代际公平的生态公平。生态公平必须摒弃个人主义和个体主义，有平等、协调、共赢的视野，国内生态公平要从不同阶层、不同地域、不同行业、不同民族的人群的整体利益出发；国际生态公平要从不同意识形态、不同区域归属、不同贫富、不同大小国家和地区的整体利益出发；全球生态公平要从未来世代、从自然生态系统的整体利益出发。可以说，生态公平秉持的就是整体主义思维方式和视野。在资本作为"支配一切的经济权力"的统治下，一方面，人的劳动被

① 李文潮：《技术伦理与形而上学——论尤纳斯的责任伦理》，中欧科学、技术与社会国际学术研讨会，2002年9月。

② [美]弗朗西斯·福山：《信任：社会美德与创造经济繁荣》[M]，郭华译，广西师范大学出版社，2016年版，第145页。

看成生产剩余价值的手段，社会被分裂为两大对抗的阶级；另一方面，整个地球的自然资源被看成永无止境榨取剩余价值的材料，"属人的自然界"沦为资本积累的条件和工具。可见，当代生态不义的根源，不是人们对生态权利、自然资源等的不平等占有，而是造成"利用这种占有去奴役劳动与自然"的强大力量，即资本主义生产关系及其决定的对立性阶级结构。当代人的发展行为应控制在不损害传给下代人的资源基础完整性的范围之内，从而保障子孙后代对资源的可持续利用。"认为生存年代越在我们之后的人其价值越小；而其生存年代离我们最远的后代则毫无价值———这种观点只能是某种道德幻想的产物"。①环境权不仅适用于当代人类，而且适用于子孙后代。如何确保子孙后代有一个合适的生存环境和空间，是当代人责无旁贷的义务和责任。我们必须勇于承担起对后代人的责任，切实保护资源和环境，不仅要安排好当前的发展，还要为子孙后代着想，决不能吃祖宗饭、断子孙路，走浪费资源和先污染、后治理的路子。当代人尤其是富人要改变及时行乐的消费观念和短期化行为，不能为了自身的需要，就过分攫取资源，杀鸡取卵，削弱后代人满足需要的能力与条件。全球性环境危机加剧的主要责任在发达国家。但是，在解决环境问题的进程中，发达国家常常不能公平地承担与其责任相应的义务，不愿意放弃其耗费资源的生活方式。而是过多地责难发展中国家，过分强调发展中国家的环保义务，企图靠牺牲发展中国家的经济发展来解决问题。而这与国际公平显然是背道而驰的。西方有些人鼓吹为了提高人类生活质

---

① Rolston H.Environmental Ethics: Duties to and Value in the NatureWorld [M].Temple University Press, 1988。

量，必须停止技术增长，并应当重新划分资源。美国学者康恩客观地指出，这只是因为他们本身已经拥有相当高的生活水平，所以便认为他人的经济水平一旦提高之后，将来其实质利益就无法有所增加。公正原则要求：谁污染了环境、破坏了生态，谁就应该承担责任并赔偿损失。

（三）审美层面：生态美学观念

从自然与人共生共存的关系出发来探究美的本质，从自然生命循环系统和自组织形态着眼来确认美的价值，其宗旨是对生态环境问题予以审美观照，重建人与自然和社会的亲和关系。

"美"所特具的和谐性、亲和性等却是被大多数学者所接受。"美"所具有的这些特性恰恰同现代生态学系统整体性的基本观点相吻合。法国社会学家 J.M.费里就乐观预言："未来环境整体化不能靠应用科学或政治知识来实现，能靠用美学知识来实现"，"我们周围的环境可能有一天会由于'美学革命'而发生天翻地覆的变化……生态学以及与之有关的一切，预言着一种受美学理论支配的现代化新浪潮的出现"。[①] 在这里，费里将环境整体化十分自然地同美学相结合，并对美学在生态学中的作用给予极高评价。生态美学将和谐看作最高的美学形态。这种和谐不只是中国古典美学所说的精神上的和谐，而首先是现实的和谐。这种和谐核心是生命的存在与延续，是生命的网络系统和整体特性所决定的。

生态美的另一个突出特性就是强调生命的关联性。生态美学看生

---

① [法]J.M.费里：《现代化与协商一致》[J]，江小平，宋经武译，文艺研究，2000 年第 5 期，16-21 页。

命，不是从个体或物种的存在方式来看待生命，而是超越了生命理解的局限与狭隘，将生命视为人与自然万物共有的属性，从生命间的普遍联系来看待生命，重在生命的关联。美无疑是肯定生命的，但是与以往的美学根本不同，生态美学说的生命不只是人的生命，而是包括人的生命在内的这个人所生存的世界的活力，即在生命自诞生到消亡的整个发展过程中得以不断展现的美。生态美总是以人和自然的关系为核心，在人与自然、人与人、人与自身这三大文化主线中，人与自然的关系更多地影响和规定着其他两个方面，决定着人类的生存和发展。生态美中有自然美，也有人为创造的各种美，如社会美、艺术美、技术美等。自然美与人造美不可等同，又密切相关。生态美学反映了审美主体内在与外在自然的和谐统一性。在这里，审美不是主体情感的外化或投射，而是审美主体的心灵与审美对象生命价值的融合。它超越了审美主体对自身生命的确认与关爱，也超越了役使自然而为我所用的实用价值取向的狭隘，从而使审美主体将自身生命与对象的生命世界和谐交融。生态审美意识不仅是对自身生命价值的体认，也不只是对外在自然审美价值的发现，更是生命的共感共通。

总之，生态美学作为一种崭新的理论形态，其深刻性首先在于它所拥有的价值立场与理论向度。这种价值立场与理论向度突出表现于生态美学是从一种新的审美高度，重新思考人与自然、人与社会及人与文化间的关系，有助于纠正主体性神话的偏颇，也体现了对人类整体前途的绿色关怀。

（四）行为层面：生态行动观念

生态文明归根到底是一种社会实践样态，文化观念的实践路向也终归要从头脑落实到行动上来。在生态文明时代，人们的生产、再生产、分配、再分配、消费等过程都要将生态化思维贯彻始终，人们的头脑中要始终有绿色可持续的理念或观念。

循环生产观念。把生产和再生产活动组织成为"自然资源—产品和用品—再生资源"的闭环式流程，所有的原料和能源能在不断进行的经济循环中得到合理利用，从而把经济活动对自然环境的影响控制在尽可能小的程度。是与传统经济活动的"资源消费—产品—废物排放"的开放(单程)型物质流动模式相对应的"资源消费—产品—再生资源"闭环（反馈）型物质流动模式。循环经济是在生态环境成为经济增长制约要素，良好的生态环境成为公共财富阶段的一种新的技术经济范式，是建立在人类生存条件和福利平等基础上的以全体社会成员生活福利最大化为目标的一种新的经济形态，其本质是对人类生产关系进行调整。传统工业经济的生产观念是最大限度地开发利用自然资源，最大限度地创造社会财富，最大限度地获取利润。而循环经济的生产观念是要充分考虑自然生态系统的承载能力，尽可能地节约自然资源，不断提高自然资源的利用效率，循环使用资源，创造良性的社会财富。在生产过程中，循环经济观要求遵循"3R"原则：资源利用的减量化（Reduce）原则，即在生产的投入端尽可能少地输入自然资源；产品的再使用（Reuse）原则，即尽可能延长产品的使用周期，并在多种场合使用；废弃物的再循环（Recycle）原则，即最大限度地减少废弃物排放，力争做到排放的无害化，实现资源再循环。同时，在生产中还要求尽可能地利用可循环再生的资源替代不可再生资源，如利用太阳能、风能和农家肥等，使生产合理地依托在自然生态循环之上；尽可能地利用高科技，尽可能地以知识投入来替代物质投入，以达到经济、社会与生态的和谐统一，使人类在良好的环境中生产生活，真正全面提高人民生活质量。

低碳生活观念。低碳意指较低（更低）的温室气体（二氧化碳为主）的排放，低碳生活可以理解为：减少二氧化碳的排放，低能量、低消耗、低开支的生活方式。如今，这股风潮逐渐在我国一些大城市兴起，潜移默化地改变着人们的生活。低碳生活代表着更健康、更自然、更安全，返璞归真地去进行人与自然的活动。低碳生活是一种经济、健康、幸福的生活方式，它不会降低人们的幸福指数，相反会使我们的生活更加幸福。低碳生活不仅是一种生活方式，更是一种可持续发展的环保责任。低碳生活要求人们树立全新的生活观和消费观，减少碳排放，促进人与自然和谐发展。低碳生活将是协调经济社会发展和保护环境的重要途径。在低碳经济模式下，人们的生活可以逐渐远离因能源的不合理利用而带来的负面效应，享受以经济能源和绿色能源为主题的新生活。低碳生活虽然主要集中于生活领域，主要靠人们自觉转变观念加以践行，但也需要政府营造一个助推的制度环境，包括制订长远战略，出台鼓励科技创新等政策，实施财政补贴、绿色信贷等措施，也需要企业积极跟进，加入发展低碳经济的"集体行动"。实现低碳生活是一项系统工程，需要政府、企事业单位、社区、学校、家庭和个人的共同努力

适度消费观念。当前提倡适度消费主要针对物质主义而言，面向每个自然的个体。适度消费是与经济发展水平与个人收入水平相一致的合理的消费水平，更是与自然生态储量、容量和可修复水平相适应的合理的消费观念。适度消费要求按照从低到高的层次安排消费结构，较低层次消费需求得到满足后再进入较高层次的消费需求。适度消费

还要求宏观上保持经济增长与消费增长的同步，保持总供给与总需求的平衡。适度消费对于整个社会来说，是指与国情及实际经济发展水平相适应的消费；对于个人和家庭来说，是指与收入水平及社会风尚相适应的消费；对于自然生态来说，是与生态环境共生的可持续的消费。适度消费不是抑制必要消费，也倡导不要超前透支消费，在人们通过就业实现价值，通过消费获得满足感的同时，为自然生态的可持续留下足够的储蓄率，为生态可修复保留足够的空间，也提升了人自身消费的生态美学和环境伦理学品味。

第六章　个体美德重构视域中的生态文明生活观念

　　生态生活观念就是遵循自然生态演化规律的健康、积极、幸福地生活的观念，是具体到每个个体的微观层面对人类的生态与生存两方面要求的有机统一。生态生活观念一方面是建设生态文明社会的重要内容，同生态政治观念、生态经济观念、生态社会观念、生态文化观念等一起构成生态文明社会的系统性思想支持体系；另一方面是生态文明时代每个个体生态意义上的最根本的生存观念，最直接地体现出其时人们的价值取向与精神追求，直观反映出人与自然在何种程度上达成和谐统一。尽管每个人都生活在历史的社会情境中，但是个体生活的具体表征是微观的、私人话语的。生态生活观念就通过每个个体的具体生活呈现出来，既有赖于个体美德的促进与养成，又反过来涵养和丰富着个体美德。当今中国处在转型深改时期，社会伦理规范尚在完善，个体美德的缺失也是不争的事实，在个体美德重构的过程中形成普遍的生态生活观念既是当前建设生态文明社会的任务与要求，也是历史发展提供的改善和提升国人道德水准的大好机遇。

一、建构基础：生态的美德伦理

如何很好地体现生态生活观念的本质属性，确立恰当的生态生活观念体系？美德伦理学因其与生态观念的同质性及学理意义上的优先性，可以作为一种德性方法论为此提供一些参考性原则。同质性指的是，美德伦理学探究的同样是人们的头脑世界，主要内容同样是一些关系性问题，这些思想的东西同样要在社会实践中表现其本质；学理的优先性指的是美德伦理学的指引价值，优于生态观念对于实然问题的考量而考虑应当如何，优于生态观念对于确立怎样的关系性认识的考量而考虑应当如何确立这些关系性认知，优于生态观念直接的社会表达而致力于实现高贵美好的生态实践。因此，美德伦理学至少可以在以下几方面成为生态生活观念的建构基础。

（一）人之为人的道德选择

美德伦理的核心就是作为道德主体的个人，正是在道德主体可以做出自主选择的意义上，美德本身才不是因为满足其他要求而变得有价值，它才成为相对独立具有内在价值的第一性的存在。生态观念是人在头脑中产生的对于自然生态的认识，作为人与自然关系中的道德主体，只有体现出人之为人的自由的道德选择，才能符合美德伦理学的要求，这样的生态观念才是道德的，独立的，有价值的。

1. 思考"应当如何"。科学追求探寻"是什么"，伦理学高明之处在于追寻"应当做什么"，而美德伦理学更进一步，追究"应当如何"。例如对于一个刚毕业的大学生来说，如果他不做啃老族，那就是具有独立的美德了，但是此时如果他只考虑"我应该做些什么"，不外乎他会像许多期望独立的年轻人一样，做份简历四处求职，接下来工作结婚生子变老，在一半盲目一半清醒中过着自己平凡的日子。如果此时他能想到"我应当如何"，他就考虑到了如何做好一个人，如何生活才能最好，他就不光是独立的人，而且是社会的、未来的和自然的人。就个人而言，他会在工作生活中继续学习充实提高，修炼心灵，并且在人际关系和社会关系中热衷公益慈善，注意环保等，在心灵、身体、外延等全方位做到"活得最好"。此时，他的生态观念也就能更好地体现人之为人的道德选择。独立的人是艰苦而幸福的，在不断克服困窘和压力中获得物质财富和精神满足，由于得之不易，便不会轻易成为一个物质主义者，为外物所困。适度的物质需求会培养出个体尚俭恶奢的生态观念，奋斗得来的一个个小的幸福感受会培养出个体对外在自然的珍爱心态。推己及人，由自己的不易衍生出对他人苦难的同情心，关爱他人爱护自然，与人平等相待，以平等之心对待其他生命，公平感的不断延伸，一切都因为追求做为人"应当如何"而不断地滋长，人越发发挥了他作为人的道德方面。

2. 以行动者为中心，而不是以行为为中心。当代生态哲学发生了整体论转向，反对"中心"论，不论是人类中心论还是生态中心论，都因为没有跳出现代性思维模式而容易陷入非此即彼的境地。美德伦理学同样反对"中心—边缘"的对立性思维方式，它具有后现代性的伦理关切，但它又强调要以行动者即道德实践的发起者与执行者为中心，而不能以实践行为本身为中心。它的后现代性体现在它对规范伦理学工具性的摒弃，其表现方式通常是用来意会的，非编码性的，并且在文化传统与道德谱系中实现自己的合法性。它对于行动者中心地位的描绘是源自对人的德性追寻的回归，注重行动者自身的美德，认为具有美德的人就可以实现道德谱系的传承，可以创制性地开展道德实践。

以行动者为中心对于生态观念的确立具有本源性的方法论意义，往细微处说，生态观念首先应当在每一个生态人的头脑中确立起来；中观层面，应当是伦理共同体成员的生态共识；更高层面，应当是政治设计中指导性的伦理信念。当生态观念内化于行动者头脑中，也就具有了外化的规范性价值，后者表现为道德模范的示范意义，社会道德风俗的逐步养成以及国家顶层设计的道德追求等。以行为为中心的有限性可以反证以行动者为中心的有效性，以行为为中心容易导致效果论，即不问动机只看行动的后果；或者导致功利主义，即只看获得的利益而忽视损失的价值。例如某公司宣称做环保事业，打造绿化防护工程，将村庄道路两侧 50 米以内全部种树，几年之后小树林也颇具规模，似乎做了一件好事。实质上该公司只是借环保项目套取国家补贴，并利用环保企业之名进一步涉足其他资源工业生产领域，而村民们损失了退耕还林的产出效益还不错的土地，实质是一件伦理上偏向于恶的事情。行为被中心化，一方面行为动机被忽视，不符合美德伦理"向善"的本质要求；一方面行为后果也会被片面看待，"捡了芝麻丢了西瓜"。

3. 体现人的高贵与美好。美德是心理属性，要通过外部行为来表现与展示，但并不代表美德依赖于外部行为，无论是否采取了行动，美德都在那里。因此美德伦理就是关乎人的意愿想法的德性追求，不是道德义务或者道德规则，而是要求人们尽可能培养美德，来提供道德应当遵守的原则，以避免过强或者过弱的道德行为要求。因为美德伦理对于其内在价值的强调，它的起源便无需追溯，因此当生产生活实践中的人是具有生态美德的，并且其行为出自他的意愿和目的，它的行为就是道德的。据此可以看出，生态观念的确立只要体现出人的高贵与美好，视美德为第一性的内在价值，就具有指导行动的伦理合法性和实践操作性。但是必须注意，体现人的高贵与美好不是要重翻人类中心主义老账，人类中心主义是人自己外在地将自己定义为比其他存在物更高贵、更美好、更优越，从而一切生态改善要以人类的利益为目标。这里所说的则是让人发现、实现并完善自己的高贵与美好。

因为发现自身的独特力量，即人的自由意志产生的创造性，人对自然生态就具有其他任何生态存在物所不具有的内生性责任。例如过多的羊群成为草原荒漠化重要诱因之一，但是再大数量的羊对此也不承担任何责任，应该检省的是人们过度的口腹之欲，人应当承担所有责任并担负其修复的义务。作为道德行为者，人们面对自然应当提升自己的敏感度和感知力，选择特定行动，避免其他行动，由此实现并完善自己的高贵与美好。一切生物都有感知，而人的高明之处不在于他比其他生物有更灵敏更强大的生物性感知功能，而在于他能将有限的感觉纳入认知系统，提升到感性认识甚至理性判断，为了充分体现人的本质就需要不断践行此项功能，人的高贵与美好也在此过程中不断完善和表现。"一枝一叶总关情"最能体现人之生态美德，不仅推己及人，而且推己及物，包含了生态德行的个人修为才能趋于至善，完善了生态美德的人方能获得全面自由，这便体现了人的高贵与美好。

（二）基于实践的生态智慧

实践智慧是古希腊四大美德之一，是亚里士多德美德伦理学的重要概念，是指善于策划对自身有益的"善"以及有益之事，是人根据理性发出的进行实践的品性。在亚里士多德看来，实践智慧不同于技术，它不制造东西，不关注后果，而以行为自身为目的。美德伦理为实践智慧提供了行为目的和方法论，实践智慧为美德伦理提供了实现"善"这一目的的具体方法。从这个范畴体系来看，生态观念无疑是属于实践智慧的层面，既是美德又是行为，既是观念又是方法，既依赖于头脑思想更立足于生态实践。

1. 从一个具体的伦理情境而不是从某条普遍原则开始。从某条普遍原则出发是近代以来欧洲大陆理性主义的基本思维方式，笛卡尔是创制者和代表人物，他的学说立足于"我思故我在"，首先由于我在思考、在怀疑，因此自我本身是一个真实的存在，从而只有那些像自我那样自明的观念才是真观念，由此制定了一条规则，即"凡是我们十分明白、十分清楚地设想到的东西，都是真的。我们可以把这条规则当作一般的规则"。①由此出发，他像从数学领域的公理出发推导出其他数学知识那样，一步步地确定了其他方面的知识，并最终进入了融合各种知识的综合领域。哲学思辨可以以此做为一种理路，进入理性主义的思想殿堂。伦理学却要摒弃这种纯粹在头脑中游走的幻象，因为伦理学是关于人的道德的知识，且不论规范伦理学最终需要靠法则意识来筹划道德，即使是元伦理学的伦理概念、理论、范式的反思也要基于现实的生活世界，通过对伦理学的道德概念和判断进行科学的逻辑论证以保证伦理学科的合法性，并间接地对人类社会生活和道德实践起到约束规范的作用。美德伦理学更加具体地强调从具体伦理情境出发，因为美德即实践智慧，不只是心理学意义上遵守道德规则的一种意愿，

---

① 笛卡尔：《谈方法》[M]//北大哲学系编：《西方哲学原著选读上》，北京：商务印书馆，1985 年版，第 369 页。

更表现为道德行为主体从自身幸福目的出发，根据当下情境的具体状况而展开的道德实践。

由美德伦理学的方法论出发，作为一种关系性看法的生态观念，是人与自然生态关联时人们头脑中应当生成的想法，由于既不是人对于自身内在自然的臆想，也不是将生态视为外物时的科学知识，因此整体性认识的基础就是生态地实践；并且由于对自然生态的关切是通过一次次生产生活的现实场景来表现的，人与自然伦理关系展现在一个个伦理场景中，生态观念也就不断产生出来。例如，草原文明并不刻意地就在自己长期的生产生活实践中滋生出系统而丰富的生态观念，他们生产方式是游牧的，体现了依据地理环境、气候因素、四时变化和草原承载及修复能力而合理选择的生态观念；他们的生活方式是流动的，依赖于肥美的游牧草场和涵养的水源，因而自觉地表现出对于自然生态的保护和可持续利用的生态观念。正是由于农业文明特别是工业文明的兴盛，生态危机才发展成当下的世界性疾病，因此在当前的文明状态中如何辨析一个个可能的伦理情境并提出相应的生态观念就成为当务之急。

2. 立足自身所处的伦理共同体进行实践推理。伦理共同体就是认同理性支配下为了促进共同"善"的道德法则的存在体的集合。柏拉图的理想国是以政治共同体的形式存在，其实质是最典型的伦理共同体。在苏格拉底与色拉叙马霍斯关于公平的对答中，伦理关系是他们思考的核心问题：色认为公平就是强者的利益，比如统治者，苏格拉底教育他说，一位真正的治国者追求的不是他自己的利益，而是老百姓的利益。理想国就是这样一个可以围绕伦理问题自由交谈，并在交谈中不断达到共识的团体。实质上，每个人无论其品行如何，都处在或大或小的伦理共同体中。"我们怀念共同体是因为我们怀念安全感，安全感是幸福至关重要的品质"，①安全感就来自共同体内部成员对于道德评判标准的内在认同感，因此立足身在其中的伦理共同体做了一些观念上的判断与理论的筹谋才能获得价值认同，才具有有效性。最直观的例证就是东西方交融的问题，自从西方的坚船利炮轰开中国的国门，东西方交流就没有中断过，最繁荣的就是晚清的西学东渐与近40 年的对外开放。这期间种种偏激思潮的出现都是没有搞清楚共同体特别是深层次的伦理共同体的边界与特征。非要将西方共同体的伦理要求用在中国的社会实践中，而罔顾中国法规治理尚在建设之中的现实，可能出现暴民政治等过度民主的情况；硬要用中国家族宗法为基础的小共同体进行的道德实践来否定西方意识形态层面的伦理共同体存在，也不是进步完善之道。

美德伦理学赋予群体与个体的道德品格和伦理德性以同样的研究主体的地位，特别是现代社会公共性结构转型以来，传统的起源于亚里士多德的美德伦理学也开始进行"现代性道德谋划"。伦理共同体相较于单独个体的伦理德性而言具有更强的社会影响力，基于伦理共同体主体需求、价值标准和目标追求等具体问题而展开实践推理变得可能且必要。

生态观念的确立同样需要以此为出发点，从大的共同体层面，作为第三世界国家的中国与发达欧美国家没有完全的可比性，当前中国寻求的伦理至善必须包含生态美好的内容，但是又不能为此牺牲近亿

①[英]齐格蒙特·鲍曼：《共同体》[M]，欧阳景根译，南京：江苏人民出版社，2007 年版，第 170 页。

人（按 2014 年的数据，以家庭人均纯收入 2300 元人民币／年统计，中国还有 7017 万贫困人口）脱贫致富的意愿，这就是中国这个伦理共同体的现实状况。因此当下国家顶层设计中把转变经济结构，实现创新发展作为生态与发展相平衡的重要手段。从小的共同体层面，中国近 200 位亿万富翁（瑞士银行与 Wealth-X 财富评估公司联合调查了 2014 年全球 10 亿美元以上资产的富豪状况，其中中国内地拥有 10 亿美元以上资产的富豪为 190 人）与近亿贫困人口可以看作是处于中国社会两极的共同体，对于两个共同体的要求必定不能同一，前者应当全方位地体现生态意识，承担生态责任和义务，后者当务之急是摆脱物质上的贫困和生态上的弱势地位。前者的伦理追求应当是深生态主义和生态公平论的，后者的伦理要求则是增进自身的全面福祉，并且基于大的生态环境及自身生存环境的恶化，将片面寻求物质财富的增加拓展到改善生存状况的政治、社会与生态等其他方面。这就为生态观念的确立提供了方法论指引。

3. 让规则发挥出最利于美德本性的作用。美德伦理学并非只是感性的心愿与意志，它不排斥规则，而是在遵守规则的意愿和规则本身之间选择了从前者出发。就道德实践的规则本身来说美德伦理也具有本源性价值，我们所知道的道德规则并非全部直接来自美德，但是原则上都可以从来自美德的规则入手推演出来。比如幸福，在亚里士多德看来，幸福与善一样是合乎美德的现实活动，人之所以幸福是因为人的灵魂遵从了美德的要求，幸福可以视作来自美德的德性规则或原则。当把幸福原则适用于自己时，便是自利的道德要求；当推己及人时，便体现为仁慈、宽容、友好；当运用于政治领域时，便是为最广大普通人民谋划最大的利益；当适用在自然生态时，便是善待自然，谋求共生，在可自修复的自然环境中美好地生存等。再比如公平，柏拉图从绝对理念的高度将公平范畴做了"公平就是善的"哲学规定，他在《理想国》中把公平视为与智慧、勇敢和节制一起的四大美德之首，而且公平美德对后三种美德有统摄的功能。对个人而言，使灵魂中的理性、意志和情欲这三者和谐相处，就是一个公平的人，并且在现实社会中对应于政治家、军人和劳动者，当这三个群体各司其职各安其道时，就有了公平的社会或者国家。尽管这样的分类与对应显得机械，有明显的西方理性主义思维传统的痕迹，但是他对于公平作为一种美德的本源性价值认同还是可取的。就人自身来谈公平，就会展现出一个人头脑的智慧，行为的勇敢以及欲望的节制，就会养成一个追求至善的优秀的人；就人与他人的关系谈公平，就会滋生出尊重、宽容、爱护、友谊等各种美德；就人在社会中的存在谈论公平，就会要求自由、民主、关爱、法治等的社会价值认同；在国家关系层面谈论公平，就会出现尊重主权、平等、多样性与独立性的平衡等国际关系准则；在人类与自然生态关系的层面谈论公平，就要求有丰富的生态公平的内涵，包括了生态责任与义务的公平及区别对待，代际公平等价值要求。

类似幸福、公平等由美德本源性价值生发的道德原则还有待进一步分析整理，生态观念源自美德伦理的指引，必然是美德本源性价值的反映，要体现幸福、公平等"绝对理念"，还应当充分反映由此触发的更广泛的价值追求，唯此才能让生态观念指导下的生产生活实践最充分展现人的美德本性。

二、价值共识：超越、批判、自发

作为实践智慧的生态观念是在人与自然交往的过程中，处理与自然、与自身、与他人、与社会等的关系性伦常道理，从美德伦理学视角着眼，生态观念就应当体现社会道德反省的成果。何怀宏在他的《伦理学是什么》中概括说，"伦理学其实也主要就是对道德问题的哲学反思"，①加之美德伦理的超越性使其成为普遍理性主义规范伦理不可逾越的主体前提，强调对人格的与人际的道德反思更是其根本属性。生态观念有不同的层次和层面，个人的、社群的、民族的或者公民的、市场的、政体的、国家的，因此美德伦理要求的道德反思也应当全面广泛地展开，而生态观念体系就应当积聚社会全部的伦理反省智慧，只有这样才能从改造思想出发改造全部的社会实践。

（一）要有超越者，也就是可以谓之真理的东西

道德反省的出发点是当下具有德性或操守以及由此生发的相关实践行为，反省还必须有一个"心向往之"的目标，这个目标应当是高于生产生活现实，高于人们的普遍思维水准的，因此它必须是一个超越性的终极目标。如西方宗教中的上帝，毕达格拉斯时期的数学，中国道家的"一"或者"道"等，即使从世俗发展思维来看，也存在"取乎上，得乎中；取乎中，得乎下"的道理，因此若要通过反省有所提升，必须"志存高远"。这是一种自上而下的思维方式，前提是发现和认识到人类理性的可能性界限，并由此对人类理性进行反思和批判，一直

---

① 何怀宏:《伦理学是什么》[M],北京大学出版社,2002 年版,第 6 页。

升溯至极限处，洞见无限的目的世界，以趋向人之至善。生态观念的确立也需要一个超越者作为至善的目标，否则人在面对自然时其理性就会无限膨胀，其作为就会无法无天，观念由于没有了，谓之真理之东西的规制就会流于形式不得本性或拘于头脑不得发散。中国传统文化实质上是天道文化，最初就是始于对自然的敬畏之情，只是后来的发展为政治所需，自然生态反倒被悬置了，帝王以天子之名将自己放上了神坛，敬天法祖成了忠君，文化倒退显而易见。

现代通过社会反思确立生态观念，应当将自然生态的超越性地位作为"目的善"，在反思现代理性的层面上重建适合当下中国实际的"天道文化"。自然生态的超越性首先表现在它是人类物质和精神生活的前提。没有自然界、没有感性的外部世界，人就什么也创造不出来。自然生态是人类劳动得以展开的基本前提，人的精神生活也离不开自然界。马克思这样认为："植物、动物、石头、空气、光等等，一方面作为自然科学的对象，一方面作为艺术的对象，都是人的意识的一部分，是人的精神的无机界"。[①]其次，自然是人类历史得以形成的第一个前提。任何历史记载都是从一些自然物质条件在历史进程中由于人的活动而发生的变更开始的，此外，人本身就是自然。《庄子·齐物论》语："天地与我并生，而万物与我为一"。人，一经产生，便从内而外地为自然而存在。"人作为自然的、肉体的、感性的、对象性的存在物，和动植物一样，是受动的、受制约的和受限制的存在物"。[②]人类在相当长的历史发展中"处在生态系统的运行方式中"，[③]人是自然

---

①《马克思恩格斯文集》第 8 卷[M]，人民出版社，2009 年版，第 95 页。

②《马克思恩格斯文集》第 1 卷[M]，人民出版社，2009 年版，第 209 页。

③ [英]克莱夫·庞廷《绿色世界史》[M]，王毅等译，上海：上海人民出版社，2002 年版，第 416 页。

的组成因子，并且"人的活动已经成为自然进化过程中的一个构成要素的后果"。①可以说，承认自然的超越性也就是承认了人的追求至善的德性目的，向此目标的社会反省才可能深刻并具有指导性。

（二）要有批判性，社会反省要高于并深刻于道德构想

美德伦理学要求生态观念要产生于社会反省，其中有两个需要注意的关键词：首先是"反省"。从时间轴线上看，美德伦理是最早在人们头脑中产生的更本源的东西，只是没有相应的社会机制和物质发展水平才被神秘化为乌托邦或宗教，之后人的社会性和现代性不断萌醒，规则法制成为备受推崇的东西，此时如何制定法规和更好地激发人的自觉意识又将美德伦理的本源地位发掘出来，经过这样正反合的过程之后，制定规范开始了向美德自觉的提升，美德伦理的反思性被激发和强化了。反思的特质不是认识及认同，而是审视与批判，批判是通过伦理反省确立生态观念的主要手段。美德伦理学对于实践理性的重视使其批判性变得有力和有效，由于其伦理反思或反省总是基于具体的伦理情境，因此批判更有针对性，"破"之后的"立"也就更有实效性。例如中国传统文化中的"天人合一"是中国古代生态思想的精髓，但是抽象地理解和运用无法体现其全面性与超越性，必须从具体生产生活实践的伦理情境出发才能体现其精妙之处。农人的"天人合一"不是指靠天吃饭不去作为，而是指要顺应天时发挥地利。社会文化中讲究"天人合一"不是指摒弃发展贬视消费，而是要以奢为耻，适度平

---

① [加]威廉·莱斯：《自然的控制》[M]，岳长龄等译，重庆：重庆出版社，1993 年版，第 5 页。

衡。生产力水平十分低下时的"天人合一"要能促进经济繁荣提高人们生活水准；经济高度发达时的"天人合一"要有利于自然生态的修复与持续，实现人与自然的共生共存。

另外一个关键词是"社会"，要有全社会的反省意识和反省智慧。社会反省的本质是在伦理共同体中寻求美德共识，即社会共同的价值观。道德构想往往是基于某种情境的德性规范，而伦理反思是在道德构想之后和之上的，因此作为伦理反思的社会反省，要高于并深刻于道德构想。可见，首先要明确伦理共同体的存在，然后才有可能在其中寻求美德共识。当下中国社会形成伦理共同体是有传统与现实基础的，一是有共同的目标并互相依存，当下中国社会凝心聚力以中国梦和民族复兴为发展目标；二是有共同的思想与行为规范准则，有中国特色的法治体系和核心价值体系正在不断形成和完善；三是有独特的共同体意识与情感认同，中华民族绵延不断的民族精神与民族气质是独一无二的，在广大人民群众中有普遍的民族自豪感和认同感，这正是激励中国不断克服困苦走向重生的精神动力。然而当下中国伦理反思与建构的任务又是紧迫而繁重的，近代以来反省传统文化"打倒孔家店"，传统文化不分优劣的"文化虚无主义"让人们失去精神依托，"西学东渐"逐渐反映出的水土不服和西方的文化霸权企图同样冲击着人们的价值观念，在当下中国发展情境中确立自己的价值体系亟需社会反省后形成的美德共识。借由国家层面生态文明建设的春风，确立生态观念的美德共识正在不断达成。

（三）要有自发性，以保证道德是社会的自我表达

美德伦理既要求从价值论层面提供对于道德行为的评价标准，也

寻求从社会学层面给予道德行为主体以角色定位。从美德伦理重视主体意愿甚于重视主体行为的视角出发，道德应当是每个社会人的自主意愿的自愿表达，应当具有自发自觉的性质，即去强制性。对于这一点的理解，要注意两个方面。

一是道德因何被强制而失去自我表达。政治与道德的互相介入是需要的，而且是必然存在的。政治主体都表现出各自的道德评价标准与道德行为准则，形成行政伦理、政府伦理、政党伦理等统称为政治伦理的范畴。道德的政治性则主要表现为其阶级属性和历史属性，只要不是在纯粹形而上学意义上谈论超验的道德，具体的道德就必须具有政治性，必定是在某个固定时空背景下一定阶级与阶层的共同利益表达。这就使得道德可能被强制和被绑架，成为统治者政治意图的意识形态工具，而不是社会的自我表达。西方生态学马克思主义就是从意识形态揭露入手，批判了资本主义生产方式对社会生态意识自主表达的戕害，"它使人不可能在自然中重新发现自己"，"也使人不可能承认自然是自主的主体"。①资本主义生产方式"生产即破坏"的生产逻辑上升为政治意识形态，通过不断追求利益最大化而渗透在生产生活的各个环节，剥夺了生产者及社会的自我表达，使"资本主义的矛盾有可能会导致一种在危机及社会转型问题上的'生态学'理论"，②即生产者与资本者不断累积的矛盾转化为人与自然关系及社会与自然关系的整体趋恶，单子化的人失去表达自主意愿的话语权和能力，去

---

① [德]马尔库塞:《工业社会与新左派》[M],任立译,北京:商务印书馆,1982年版,第128页。

② [美]詹姆逊·奥康纳:《自然的理由——生态学马克思主义研究》[M],唐正东等译,南京大学出版社,2003年版,第256页。

生态化的逐利意识被强制成为集体意识，掩盖在集体无意识的烟雾之中。进一步，又要认识到恰当的政治性是道德成为社会自主表达的前提和保障。没有政治组织与引导的社会表达是零散的、易变的，因而难以积聚起来成为有力的美德共识。当下中国的发展就是在努力寻求国家政治与生态道德之间的平衡点，几千年传统文化的生态智慧与几十年发展实践的不断摸索改善使得当下中国政治具备了实现道德自主表达的能力。实现公平的发展，避免因政治目的而扭曲生态需求，把生态美好作为提升人们幸福感的重要指标等，都是实现这种能力的具体手段，而"走向生态文明时代"就是这种能力的政治性伦理表达。

　　二是去强制性不代表去法治化。道德是社会的自我表达，要充分体现道德对于社会的责任感与道德主体的可欲性，这是道德的两个面向，一个向内需要自我反省，一个向外需要外在约束。这就对相应的法制环境提出要求，可以说，法制完备健全是德性政治或者说以德治国的前提和推动力。生态观念的确立同样需要健全的生态法律体系和政策体系的支撑，当前已有的法制体系还主要以约束经济领域活动为主，提出对于低碳发展、绿色发展和循环发展等的要求；对于政治主体的生态要求则主要通过反腐，改变作风，提高执政能力等方面间接地有所体现。当前生态法制建设存在的核心问题是"未能从生态系统整体性的理念出发，构建环境保护的基本法；未能根据生态系统物物相关律的要求构筑起完整的各部分间联系紧密的生态文明保障法律体系"，①生态伦理的整体主义转向已经基本成为共识，生态法制的整体

---

　　① 王灿发：《生态文明建设法律保障体系的构建》，法制日报——法制网，2014 年 9 月17 日。

主义转向也必须跟上，法律必须从自然生态整体利益出发，以整体生态"不再恶化"为基本目标，通过政府引导下公众的广泛参与，让生态美好成为全社会的共同责任，这就实现了整体化的生态法治。法律政策全方位地约束着个人、企业、政府、政党和国家，通过规约行为逐步内化为各个层面的德性追求，并逐步上升为社会核心价值。可以说，法治下的自由才是真正的自由，才能实现社会的自主表达，这样确立的生态观念才是全面自主的社会表达。

三、实践路径：基础—推进—提升—目标

（一）对世俗欲望最小化需求与极简生活观念

某种程度上看，欲望是人类进步的动力，对于每个个体来说，衣食住行也是促使人们奔波劳碌的原因。但是这些世俗的欲望往往同样成为贬斥个体尊严，降格人类本质的罪魁祸首。因为世俗欲望是一切生物所共有的，是一种生物本能，如果将本能视作本质，就是将地球上唯一具有主观能动性的人类等同于其他生物，甚至等同于一株不断向上生长追逐阳光的小树苗。将本能当作本质是当今中国个体美德重构最需解决的问题。把世俗欲望当作人们存在的本质，导致物质主义、消费主义，导致市场万能论、科技万能论、技术乐观主义，导致生态非公平等思想观念的泛滥与实践。人类需要进步，发展中的中国更需要持续增强的国力，但就每个个体而言，抑制世俗欲望、推崇极简生活却是个体美德重构的基础内容。

1.世俗欲望最小化的传统资源

中国古代不乏抑制物欲的思想源流，儒家的传统思想褒扬节俭美

德，鄙薄荣华富贵，语"饭疏食饮水，曲肱而枕之，乐亦在其中矣。不义而富且贵，于我如浮云。"孔子对"礼"的重视并不排斥节俭，反而把对物欲的控制看作是真正合"礼"的，他说："礼，与其奢也，宁俭；丧，与其易也，宁戚。"孔子弟子颜回生活节俭，孔子赞其道："贤哉，回也！一箪食，一瓢饮，居陋巷，人不堪其忧，回也不改其乐。贤哉，回也！"道家思想中"制欲"是其重要表现，《道德经》多处说到"欲"，指的就是世俗欲望即私欲和贪欲，"少私寡欲"是其主要的道德规范之一。第四十六章有"祸莫大于不知足，咎莫大于欲得"的名句。对治理天下的君王来说，则"我无欲而民自朴"。后来的道家典籍延续了这样的思想，《南华真经·天地》中有"古之畜天下者，无欲而天下足"，《淮南子》更加深刻地认为"至人之治"要"约其所守，寡其所求，去其诱慕，除其嗜欲，损其思虑。约其所守则察，寡其所求则得"，认为"为治之本，务在于安民"。安民必须使民"足用"，要使民"足用"就必须不夺其时，不夺时，就必须"省事"，而"省事"就在于"节欲"。《淮南子》还认为"嗜欲"有害于"人性"，圣人要损欲自养，掌握节制，才能恢复人的本"性"。墨家是从思想上和行动上都主张物欲最小化的，墨子学习大禹刻苦俭朴的精神，尽管早期师从儒家，但是后来由于反对儒家的繁文缛节、等级制度和靡财害事的丧葬，自成一派提出"节用"、"节葬"、"非乐"，节用指在"食、衣、住、行、葬、武器"等六方面不浮夸消费，"节葬"指不把社会财富浪费在死人身上，"非乐"指废除当时费时耗事，花费巨大却于国家无利处的音乐典事。传统文化中这些思想精华对于当今中国打破物质主义困扰，重构个体美德大有裨益。

2. 基础性美德解决方案：极简生活观念

　　对世俗欲望最小化的要求是面对当今中国社会问题的基础性美德解决方案。当世俗欲望被最小化以后，经济领域的假货泛滥，政治领域的权钱交易，社会领域的金钱万能，文化领域的去艺术化，生态领域的自然减退才有可能得到抑制或根除，这一切都要归结于极简生活观念的全面普及与践行。极简生活的主旨就是生活中极力省去不必要的东西，要澄清必要与不必要，其英文表述"minimalist lifestyle"也反映出实现这样的生活方式前提就是个人有世俗欲望最小化的美德。正如梭罗两年多的瓦尔登湖畔的极简生活，正是因为他发现了自己的美德并且勇敢愉快地实现了它。当省去一切不必要的东西，他发现"一个人要在世间谋生，如果生活得简朴而明智，并不是件苦差事，而且还是一种消遣"，因为"大多数奢华生活根本就没有太大的必要，反而成为了人类向前发展的障碍"。①

　　极简生活应当包括以下一些方面。首先是正确的极简观，极简生活方式不是苦行僧式的自虐，而是一种更为人性化的、经济的、环保的、轻松愉悦的生活方式。极简不是像犬儒主义主张的那样，像"狗"一样摒弃社会与家庭责任，完全放弃对金钱甚至个人健康的追求，以达到美德的极致，获得完美的幸福。后者将必要和不必要统统精简掉了，也就把人的存在否定了。极简生活恰恰相反，是要在省去一切不必要的之后更突显人之为人的存在状态。其次是物质使用的极简化。不是必要的东西不去添置，不再有用的东西一定要处置掉。即使要购置物品也要以耐用实用为第一原则，抛弃"旧的不去，新的不来"的浪费观念，要懂得欣赏旧物的价值。这一点在面对日益更新的电子产

---

　　① [美]亨利·梭罗：《瓦尔登湖》[M]，田伟华译，中国三峡出版社，2010年版，第9页。

品时很难做到，因为一些新产品的功能是旧产品所不可替代的，因此如何处理过时的电子产品成为关键，使用者需要有自觉回收意识，生产商更要有去利益化的强兼容性技术安排与回购处置机制。在不断的物质极简化过程中，人们会发现生活中其实必要的东西很少，更会认识到什么才是生活中真正必需的。最后是达到极简的目的。物质生活的极简化只是手段而已，借此实现全面的极简生活，一是金钱节省的生活，二是精力节省的生活，三是时间节省的生活。因此全面的极简生活实质上是经济富足的，有空闲时间的，精力充沛的生活。摆脱了物质主义的负累，每个人都具备了做慈善家、旅行者、艺术家、思想家的潜质。循此逻辑，当个体美德达成了对世俗物欲的最小化需求时，极简生活观念不仅在头脑中而且在行动中成为可能，并且将引领社会风尚，提升整体素养，促进文明进程。

（二）对思想满足最大化追求与闲暇效用观念

思想是人特有的功能。或许有的动物有爱的表现，会模仿甚至表现出一定的学习能力，例如会讲话的八哥、对人充满依恋的犬类，会想办法拿到美食的猩猩，但是并不能说这类动物有思想的能力或者说它们有思想，思想是精神层面的东西，是人类之所以区别于其他一切生物的本质特征。因此，追求思想的满足让人真切地体会到自身的本真存在，这是再充分的物质满足也无法替代的。受控于物欲就会忘记人自身，使人失去存在价值。"金钱是品德的行李，是走向美德的一大障碍；因财富之于品德，正如军队与辎重一样，没有它不行，有了它又妨碍前进，有时甚至因为照顾它反而丧失了胜利。"（培根语）确实，再多的物质供给与奢华享乐也无法超越人的本质，使人记起自己的存在。追求思想满足的最大化应当重归个体美德的架构之中，这是对人类德性的基础性复归。当今中国亟需每个个体涵养富足的思想和丰满的灵魂，以弥补物质财富不断增长后精神世界的空虚，以夯实快速成型的财富大厦下脆弱浅薄的思想地基。

1. 何为"思想满足最大化"

古今中外以思想富足为生活目标者不乏其人，也有相当丰富的美德论说。古雅典法学家阿纳卡西斯有句名言："人的幸运不在于可见的财产的富足，而在于内在的不可见的思想的完美与丰富"。可以说，追求思想满足的最大化一直是人类进步的动力和目标。中世纪著名宗教哲学家奥古斯 30 岁那年彻悟，开始追求思想富足，"日光穿透污云浊气，自己却一尘不染"。他素食黑衣讲经著书，成为影响基督教神学千年的大思想家。康德是一位典型的德国学者，严谨而遵守规则，终生过着简单纯朴循规蹈矩的生活，却在追求思想丰富中获得最大满足，他说"我是孤独的，我是自由的，我就是自己的帝王"。靠着头脑的飞翔与精神的沉思他创造性地开拓了一个宏大的精神王国，在充分发挥个人价值的同时为后世哲学与人类思想史的发展构筑了一座思想宝库。中国古代漫长的农耕社会，整体社会物质财富并不丰富，每遇灾荒战争还会出现物质贫乏的状况，但思想的脚步却从未停歇。孔子奉行"朝闻道，夕死可矣"，周游列国几度贫病交困，复周礼传仁治的初衷不改。孟子认为"富贵不能淫，贫贱不能移，威武不能屈"，屈原慨叹"路漫漫其修远兮，吾将上下而求索"。无论是百家争鸣、思想自由的春秋战国时期，还是"罢黜百家，独尊儒术"后漫长的思想专制年代，中国古人在思想进步的道路上始终如一，执着探寻，这是人类对自己本性的肯定与彰显，正因这样的努力与追求，才有了后来的理学、心学、实学等流派学科，才使近代以来饱受各种苦难的中国在思想持续丰富与更新的基础上重新站立起来，几千年文明没有中断和泯灭根本上归功于中国人始终不渝的思想进步与精神传承。

新中国成立以后中国共产党坚固的执政地位同样与共产党人特别是老一辈无产阶级革命家崇尚思想富足，追求精神境界有很大关系。周恩来曾经说过："物质生活方面，我们领导干部应该知足常乐……精神生活方面，我们应该把整个身心放在共产主义事业上，以人民的疾苦为忧，以世界的前途为念。"毛泽东爱书读书一辈子堪称追求思想富足的典范。为了读书，毛泽东把一切可以利用的时间和几乎所有的空间都利用了。他的中南海故居，简直是书天书地，卧室的书架上，办公桌、饭桌、茶几上，到处都是书，床上除一个人躺卧的位置外，也全都被书占领了。外出开会或视察工作，常常一带几箱子书。途中列车震荡颠簸，他全然不顾，总是一手拿着放大镜，一手按着书页，阅读不辍。到了外地，同在北京一样，床上、办公桌上、茶几上、饭桌上都摆放着书，一有空闲就看起来。晚年虽重病在身，仍不废阅读，重读了解放前出版的从延安带到北京的一套精装《鲁迅全集》及其他许多书刊。逝世后，毛泽东共留下97000多册书，相当于许多单位图书馆的藏书量，很多书上都留有他的批划，最著名的是他对全版《四库全书》的倾注。

2. 推进式美德解决方案：闲暇效用观念

对思想富足最大化的追求是面对当今中国社会问题的推进式美德解决方案。当人们将思想富足视作个体美德并且转化为生活状态时，闲暇效用的生态生活观念就成为必然。何为闲暇，忙碌于衣食住行等需求之外的时间。何为效用，本来是一个常用的微观经济学概念，一般而言，是指对于消费者通过消费或者享受闲暇等使自己的需求、欲望等得到满足的一个度量。可见，从经济学角度，闲暇就可通过满足人们的欲望和需求产生效用，享受闲暇被赋予了经济价值。这就是闲暇效用观念的第一个层次，即精神或思想产品的消费。当人们有了基本的物质生活保障，发现自己的身体和头脑空闲下来时，具备追求思想，富足美德的个体就不会去追求无止境的物质享受，而是去消费或投资一些思想产品，当他们发现类似的投入在提升自身的同时获得了意想不到的经济效益，就会更多地获得闲暇，投入再获得，良性的生活观念和生态生活方式便成为习惯。

闲暇效用观念的第二个层次是自己去思想，这是思想富足，美德进一步完善的主要推动力。有一种说法认为，思想都是在超脱于物质困扰后产生的，这种说法不无道理，试想，如果当年那个落在牛顿头上的苹果是砸在一个劳作的果农身上，万有引力定律就不会在那一刻孕育在人类的头脑中。而亚里士多德之所以成为一个"百科全书式"的思想家，与他一生衣食无忧、生活优越不无关系。但是仅仅据此就为不思想不学习找借口，便失之偏颇了，因为古今中外同样也有许多思想家并没有很好的生活境遇和优越的衣食供养。闲暇的获得与闲暇效用的发挥，更多地取决于一个人的头脑是否去思想，取决于个人是否将追求思想富足作为自身美德。如果一个人始终在追求物质享受，他就永远处于身心忙碌中不可能有闲暇，反之一个人在有了基本生活条件后不断地追求思想丰富，他就会得到充足的闲暇并在思想中将闲暇的德性价值充分发挥出来。

当今中国绝大部分人的基本物质生活条件是有保障的，欠缺的就是个人美德的重构，如果将思想富足而不是满足物欲作为每个人的追求，就会有大量的闲暇，闲暇效用观念就会转变为一种生态生活方式。当每个人都有时间和精力去思想时，一个有思想的中国会获得真正可持续的发展。

（三）对外在自然最敏锐感知与生态幸福观念

英国哲学家贝克莱说"存在就是被感知"，包涵两个意思，即精神为理性所识，存在被感知所现，此处的存在是包括人在内的世间一切。对于精神、理性、存在、感知这四个属性，不能妄言人之外的其他生物只具有存在的或至多还有感知的功能，但是同时拥有四种属性的恐怕只有人自己了。对于外在自然，如果人只是机械地感知，而没有运用自身的理性，没有将对自然的感知上升到精神领悟的层面，人便是放弃了上万年进化的自在存在，将自己等同于只追求基础生存状态的动植物。这就要求人们对外在自然具有最敏锐的感知，不仅知阴晴冷暖，春夏秋冬，而且要体察生态化迁，生物反应，用人类理性的头脑给自然界最感性的关切，正所谓"一枝一叶总关情"。当今国人亟需将人之为人的四种属性重新做整体性检视。在物质主义的世界中人被物化，并异化。忘记了自己精神性的本质存在，不会正确运用理性在自然生态中生存，失去对外在自然的人本的敏锐感知。这正是当今中国个体美德重构中的重要内容，即发挥对外在自然最敏锐的感知。此种美德可以帮助去除物质主义、消费主义的沉疴，彻底摒弃主客二分人物对立的工业化积弊，是走向生态文明的重要个人美德。

1.正确理解"最敏锐的感知"

对外在自然给予最敏锐的感知并不是重提"万物有灵"论，后者可以在宗教信仰的层面给人以精神力量，但是运用于生产生活实践则会使人受困于此，并不适应于物质生产和人类认识已经高度发展的当今时代。但是敏锐地感知自然又与"万物有灵"有相通之处，即人们自觉地运用理性赋予外在自然无尽的灵性，并且与之展开存在论、认识论、价值论乃至德性论等各个层面的对话。表现为一种理性哲学，就是将人与自然的关系上升到伦理关照的层面；表现为人的个体美德，就是对外在自然给予最敏锐的感知，是生态伦理学的美德伦理方面。

人类最早的伦理几乎都集中于美德伦理，其中生态美德伦理是重要内容，例如中国古代的生态美德伦理，儒家的"天人合一"思想最具代表性，"成物"就是要善待珍视其他自然存在物，"知者乐山，仁者乐水"更接近对自然给予最敏锐感知的美德，要求有涵养的人都要主动地体会大自然生养万物的无穷魅力，自觉地向自然而生。儒家将"成物"与"成己"视作一个整体，就是将德性修养与生态关切一起来进行，将敏锐地感知自然作为人之重要美德，值得今人学习。几乎同时代的古希腊也发展出了生态美德伦理的观念，在探求整体世界的本原和本质的过程中，古希腊学者将人的"小宇宙"视作整个"大宇宙"的部分性存在，认为德性是自然引导人类趋向的目标，合乎自然的生活才是有德性的生活。他们切近地感知自然，水、火、气甚至不可见的"以太"都得到深切感知，这些物质的伟大力量让古希腊的哲学家崇敬信仰，并不断被赋予世界本原的力量。在最敏锐深切的自然感受中，人与自然的融合成为必然，整体性思维赋予了整体性存在，孕育出影响后世的不朽思想资源。

工业化以来的物质繁荣让人与自然对立起来，人们不再有意识地去观察感悟自然，物质生活的追求让他们也无暇于此，个体美德的缺陷便不可避免。在人疏离自然的同时，自然也疏离着人，生态危机便是这样的结果。生态伦理学的出现并不断改进完善便是人类运用理性反思的成果，经过自上世纪中叶以来的发展，生态美德伦理重新成为重要领域，倡导不仅要像关心经济发展一样去关照自然演进，而且要用最敏锐的感知来进入外在自然，并使其成为当今国人应当具备的美德。在这方面，具有后发优势的中国有许多可以借鉴的经验。例如美国的当代声音生态学家戈登·汉普顿，横越美国用仪器检测噪声，在静夜聆听虫鸣，孜孜不倦地寻找和保护哪怕一平方英寸的寂静。在他看来"寂静并不是指某事物不存在，而是指万物都存在的情况……它就像时间一样，不受干扰地存在着。我们只要敞开胸怀，就能感受得到"。①寂静是自然极易为人所忽视的属性，如果可以用心去感知寂静，便可引申开来去敏锐地感知自然的一切属性。如果可以去静心感知自然，便会发现自然之伤，就有可能寻回自然之美，这是当今中国多么欠缺又多么迫切的美德，重塑此美德便会发现幸福复归。

2. 提升式美德解决方案：生态幸福观念

对外在自然最敏锐的感知是面对当今中国社会问题的提升式美德解决方案。央视进行的幸福大调查曾经受到人们普遍关注，人们在调侃之余也开始反思幸福的真实内涵。物质财富和幸福之间并没有正相关性，幸福是一个心理感受的东西。与改革开放以前相比，人们的物质财富普遍增加了，但是幸福感却被贫富差距扩大、生存环境恶化、上升通道变窄等极大的剥夺了。可见，幸福是一个系统性的范畴，就生态方面来说，如今考察幸福与否，对于自然生态的要求已经成为必

① [美]戈登·汉普顿：《一平方英寸的寂静》[M]，陈雅云译，北京：商务印书馆，2014年版，第3页。

不可少的内容。随着"以人为本"执政理念的深入，多地政府开始制定幸福评价指标体系，其中很大的进步就是都考虑到了生态幸福的方面，这既是人民具有生态幸福观念的体现，也是党和政府关切人民生态幸福的反映。例如广东省2011年发布了"幸福广东评价指标体系"，客观指标中设了人居环境一个大项目，其下有森林覆盖率、城市人均公园绿地面积、城市全年二级以上天数比例、生活垃圾无害化处理率、城镇生活污水集中处理率、水功能区水质达标率等，主观指标中设置了生态环境一个大项目，其下分别设置了居民对饮用水、空气质量、卫生状况和绿化建设的满意度项目。南京市2012年也发布"幸福都市工作目标指标体系"用以考核官员，用客观量化的指标来衡量人们的幸福度，其中生态环境方面的指标有空气质量优良天数比例，Ⅲ类以上地表水比例，公园绿地半径服务覆盖率，村庄环境整治达标率，还在主观指标中专门设置了生态环境满意度一项。人们追求生态幸福时这些客观条件只是外在因素，内因在这一过程中才能起决定性作用，那就是每个个体拥有感知自然细微演进的美德，藉此生态幸福观念方可由表及里，由思想变行动，思当下虑未来。

生态幸福观念首先让人慢下来，静下来，从物欲和诱惑中解放出来，周围一切世俗的人工的东西都视而不见。人们用自己的眼睛、耳朵、皮肤、鼻子等感觉器官与自然之物亲密接触，闲暇让身心全部空出来用来感知与体会，以往一些只是外在于人的生活之外的生态环境通过其色、其音、其形、其味进入人的内心，人们发现除了世俗享乐的简单刺激与短暂愉悦外，一直生活其中的自然本身会带来无可替代的毫无负累的幸福感，生态幸福绝不只是简单的感官刺激而是心灵体悟；随之而来的，因为人们从生态之美中发现了自己与自然的高度关联性，美好的生态让人产生幸福感，人们就会产生保护与修复自然生态的愿望。这是沉醉在物质主义中的迷途者不可能做到的，因为他们体会到的是不断攫取自然获得物质产品的短暂快感。"推己及人"，个体对于自然生态的幸福感知引导出社会生态幸福的认同感，使头脑中的美德从思想进入行动。

当今中国已经不乏这样的实践者，民间自发的许多绿色组织，越来越受关注的各种绿色环保行动都彰显着生态幸福观念的力量；生态幸福是当下个体美德的觉醒，更是未来社会的基本认知。生态文明社会是当前中国确定的发展方向，这是国家战略也是人类发展规律之使然。既超越以往文明之弊，又凝结人类历史之文明成果，生态文明社会的幸福必定是以生态幸福为主导的。人们在自然生态中获得幸福感，生态环境获得顺其自然的发展与涵养；每个个体感知着生态之美，也用行动为他人感知生态之美做出努力；当代人体会着生态幸福的感觉，也自觉地节用修复为未来世代的人保存着自然的存续性。可见，生态幸福观念关联的绝不只是头脑中的东西，它根植于个体美德的培育，却包涵着建设生态文明社会的漫长实践。

（四）推己及物与生态人全面自由观念

推己及人是高于"己所不欲勿施于人"的道德标准，因为不仅要做到"我所不喜欢的不要强加给别人"，而且要求把"我所喜欢的分享给甚至送给别人"。推己及人已属不易，"推己及物"就需要更高境界的道德情怀，因为这个提法将人伦上升到天伦，是个体美德达到完满的核心内容，似乎更难做到。但是另一方面，推己及物又是建成生态文明社会过程中公民德性的基础内容。因为从文明指向来看，对于自然生态的伦理关切是生态文明社会的基本社会伦理规范，只有做到推己及物，才能视我与外在环境为共生共荣的整体，从而打破人对自然生态的工具理性，超越工业文明的现代性思想积弊；从治理方式来看，生态文明社会必定是法治完备的社会，有完善全面的法律法规，更要有善于用法的公民。而自觉遵守法律并懂得操作法律的人一定是具有个人美德的人，"因为只有那些拥有公平美德的人才有可能知道如何运用法律"。①由此看来，推己及物是当今中国走向生态文明过程中国人个体美德之必须。要涵养推己及物的美德就要在生活实践中一贯践行将个体置身其中的"在场体验"方法，将身体和心灵都与外在自然相融合，达到我即自然，自然即我，把自然生态的演进与人的完善视作同一过程，体察生境变化，简化物质欲望，追求精神富足，视外物自由即我之自由。推己及物貌似高不可及实为生态文明社会伦理之基，看似难以实践实则渗透在日常点滴生活之中，既是道德金律又具有普适价值。

1. 追溯"推己及物"

推己及物是儒家实现"仁"的方法，即"恕"，与"忠"一起是求"仁"之道。《论语·卫灵公》中的名言"己所不欲，勿施于人"，朱熹集注为："推己及物。"宋时理学大家程颢的《二程遗书》第 11 卷中语："以己及物，仁也，推己及物，恕也。"此外的"物"并不是专指人生存其中的自然生态，更多意义上是与"推己及人"同意的，但是用表述中以"物"代"人"并非无所指，内涵必定有一定扩展，结合儒家"天人合一"、"顺天应物"的基本伦常，将推己及物之"物"理解

---

① [美]A.麦金泰尔:《追寻美德》[M],宋继杰译,译林出版社,2003 年版,第 192 页。

为每个个体之外的所有存在更加恰当。阳明心学更是将推己及物的儒家观念上升为整体论世界观，《传习录》有一则典故：

> 先生游南镇，一友指岩中花树问曰："天下无心外之物，如此花树，在深山中自开自落，于我心亦何相关？"先生曰："你未看此花时，此花与汝心同归于寂。你来看此花时，则此花颜色一时明白起来。便知此花，不在你的心外。"

王阳明将推己及物做到极致，在心物统一的价值体验中人与自然获得整体性存在，这正是当今生态伦理学的核心内涵，可见中国传统文化中蕴含着深刻的生态智慧。《道德经》第五章有"天地不仁，以万物为刍狗"表达了道家思想中包涵的推己及物的理念，刍狗指草编的狗，以世俗的眼光看来是最没有价值可以随意践踏的东西了，但是道家认为，天与地无所谓仁与不仁，在天地面前世间万物都是一样的，哪怕是刍狗，都有各自存在的规律，天地大道既一视同仁，也不会加一点外力去干涉。由此推断，既然万物皆平等，皆是同样的感受，那"己"与"物"便无甚区别，甚至都省略了"推"的想法与过程，推己及物在道家思想中更彻底更本质。中国佛教将"有情众生"扩展到了"无情众生"，其"众生平等"观就自然具有了生态伦理的内涵。十六国时期北凉的译经大师昙无谶翻译了《大般涅槃经》，佛经提出了"一切众生皆可成佛"的观点，认为："以佛性等故，视众生无有差别。"《涅槃经》中的众生指的就是有情众生。后来禅宗的牛头宗则进一步发展出"郁郁黄花，无非般若，青青翠竹，皆是法身"的观点，把佛与黄花、翠竹平等看待，使众生平等的理念更为广泛和充实。如果说，"众生平等"说中国释家推己及物的思想表现，"慈悲心"就是佛家推己及物的实践运用。因为"我"不想被伤害和杀死，所以一切众生都不想被伤害和杀死。尽管不能用宗教信仰的标准要求一切世人，但是其中蕴含的推己及物的智慧却是当今中国所欠缺的。

2. 目标式美德解决方案：生态人全面自由观念

推己及物是面对当今中国社会问题的目标式美德解决方案。当个体具有推己及物的美德，他就成为了生态人。所谓生态人是区别于经济人和社会人而言的，经济人是处在经济生活中的个体，以获得经济利益为目标，自然生态环境只是他们实现这个目标的手段，经济人是人的片面的物质性存在；社会人是指处在共同体中的个体，以实现共同体公共利益为目标，在此目标驱动下，自然有时会被纳入关切视野，但是因为仍然没有秉持对于自然功利性和工具性的认识，社会人还是人的片面存在。进步之处在于由于对人伦的追求，天伦即人与自然的关系得到工具性关切；生态人是人物一体的处在大生态系统中的个体，其存在目标与自然生态的演化融合为一个有机过程，利益目标的一致性使得人伦与天伦受到同等重视，生态人与自然共生共荣。生态文明社会中的人就应当是生态人，因此走向生态文明就是培育推己及物的个体美德的过程，生态人全面自由的观念应当确立起来。人的全面自由实现了人的解放和与自然的和解，并且只有人与自然都获得自由，人的精神才能和身体一样得到自由，人的全面自由才能实现。生态文明社会与共产党人一直追求的共产主义社会似有异曲同工之妙，但是由于前者是立足于当今中国发展实践和现实目标的，因此更少了些乌托邦意味，更符合中国国情。通过重构个体美德，使每个人具有推己及物的德性，成为生态人，实现人的全面自由就同建成生态文明社会一样具有了现实可能性。

参 考 文 献

一、中文类：

[1]马克思恩格斯文集：1，2，3，5，6，7，8 卷. 北京：人民出版社，2009.

[2]马克思恩格斯选集：1，2，3 卷. 北京：人民出版社，1995.

[3]马克思恩格斯全集：1 版：2，3，23，25，26，31，42，44，46 卷. 北京：人民出版社.

[4]刘大椿主编.自然辩证法概论.北京：中国人民大学出版社，2004.

[5]苗力田主编.亚里士多德全集：第九卷.北京：中国人民大学出版社，1994.

[6][瑞士]克里斯托弗·司徒博.环境与发展：一种社会伦理学的考量.邓安庆译.北京：人民出版社，2008.

[7]北京大学西方哲学史教研室编译.西方哲学原著选读：上册.上海：商务印书馆，1981.

[8]袁鼎生.西方古代美学主潮.桂林：广西师范大学出版社，1995.

[9][美]斯蒂芬·F.梅森.自然科学史.上海外国自然科学哲学著作编译组译.上海：上海人民出版社，1977.

[10][德]黑格尔. 自然哲学. 梁志学等译. 上海：商务印书馆，1980.

[11][德]黑格尔. 精神哲学. 韦卓民等译. 上海：华中师范大学出版社，2006.

[12][美]约翰·福斯特，马克思的生态学. 刘仁胜等译. 北京：高等教育出版社，2006.

[13]邹诗鹏. 人类的生存论基础——问题清理与论阈开辟. 武汉：华中科技大学出版社，2001.

[14][法]卢梭. 论人类不平等的起源和基础. 李常山译. 上海：商务印书馆，1962.

[15][美]大卫·格里芬. 后现代精神. 王成兵译. 北京：中央编译出版社，1997.

[16][法]贝尔纳·斯蒂格勒. 技术与时间:爱比米修斯的过失. 裴程译. 南京：译林出版社，2000.

[17][法]莫里斯·梅洛庞蒂. 知觉现象学. 姜志辉译. 上海：商务印书馆，2005.

[18][德]哈贝马斯. 作为意识形态的技术和科学. 李黎，郭官义译. 上海：学林出版社，2002.

[19][美]悉尼·胡克. 对卡尔·马克思的理解. 徐崇温译. 重庆：重庆出版社，1989.

[20][美]詹姆斯·奥康纳. 自然的理由:生态学马克思主义研究. 唐正东等译. 南京:南京大学出版社，2003.

[21][苏]纳尔斯基等.十九世纪的马克思主义哲学（上）.北京：中国社会科学出版社，1984.

[22][美]罗宾·柯林伍德. 自然的观念. 吴国盛，柯映红译. 北京：华

夏出版社，1999.

[23]韩庆祥. 思想是时代的声音. 北京：新世纪出版社，2005.

[24][德]胡塞尔. 笛卡尔沉思与巴黎讲演. 张宪译. 北京：人民出版社，2008.

[25][德]哈贝马斯. 认识与兴趣. 郭官义等译. 上海：学林出版社，1999.

[26][美]戴维·林德伯格. 西方科学的起源. 王珺等译. 上海：中国对外翻译出版公司，2001.

[27]倪瑞华. 英国生态学马克思主义研究. 北京：人民出版社，2011.

[28][日]宫本宪一著. 环境经济学. 朴玉译. 上海：三联书店，2004.

[29][美]约翰·贝拉米·福斯特. 生态危机与资本主义. 耿建新等译. 上海：译文出版社，2006.

[30][美]丹尼尔·科尔曼. 生态政治：建设一个绿色社会. 梅俊杰译. 上海：译文出版社，2002.

[31][美]佩弗. 马克思主义道德与社会公平. 北京：高等教育出版社，2010.

[32]汪晖，陈燕谷. 文化与公共性. 上海：三联书店，1998.

[33]杨耕. 为马克思辩护. 北京：北京师范大学出版社，2004.

[34][美]约翰·罗尔斯. 公平论. 何怀宏等译. 北京：中国社会科学出版社，1988.

[35][英]E.库拉. 环境经济学思想史. 谢扬举译. 上海：上海人民出版社，2007.

[36]王之佳，柯金良等译. 我们共同的未来. 长春：吉林人民出版社，1997.

[37]亚里士多德.政治学.吴寿彭译.上海：商务印书馆，1965.

[38]李翱.李文公集(卷五).台北：台湾商务印书馆，1986.

[39][英]E.F.舒马赫.小的是美好的.李华夏译.南京：凤凰出版传媒集团，2007.

[40][美]鲍尔生.伦理学体系.何怀宏，廖申白译.北京：中国社会科学出版社，2000.

[41][德]A.施密特.马克思的自然概念.欧力同等译.北京：商务印书馆，1994.

[42][加]威廉·莱斯.自然的控制.岳长龄等译.重庆：重庆出版社，1993.

[43]王雨辰.生态批判与绿色乌托邦——生态学马克思主义理论研究.北京：人民出版社，2009.

[44]李培超.自然的伦理尊严.南昌：江西人民出版社，2001.

[45]薛勇民.走向生态价值的深处——后现代生态伦理学的当代诠释.太原：山西科技出版社，2006.

[46]郭剑仁.生态地批判——福斯特的生态学马克思主义思想研究.北京：人民出版社，2008.

[47]李世书.生态学马克思主义的自然观研究.北京：中央编译出版社，2010.

[48]李培超.自然与人文的和解.长沙:湖南人民出版社，2001.

[49]卢风，肖巍.应用伦理学导论.北京：当代中国出版社，2002.

[50]吴继霞.当代环境管理的理念建构.北京：中国人民大学出版社.2003.

[51][加]本·阿格尔.西方马克思主义概论.慎之等译.北京：中国人

民大学出版社，1991.

[52][英]戴维·佩珀. 生态社会主义：从深生态学到社会主义. 刘颖译. 济南：山东大学出版社，2005.

[53][澳]约翰·德赖泽克. 地球政治学：环境话语. 蔺雪春，郭晨星译. 济南：山东大学出版社，2008.

[54][美]默里·布克金著. 自由生态学：等级制的出现与消解. 郇庆治译. 济南：山东大学出版社，2008.

[55][英]克里斯托弗·卢茨主编. 西方环境运动：地方、国家和全球向度. 徐凯译. 济南：山东大学出版社，2005.

[56]孙道进. 马克思主义环境哲学研究. 北京：人民出版社，2008.

[57]卢风，刘湘溶. 现代发展观与生态伦理. 石家庄：河北大学出版社，2004.

[58]戴斯·贾丁斯. 生态伦理学. 北京：北京大学出版社，2002.

[59]甘绍平. 应用伦理学前沿问题研究. 南昌：江西人民出版社，2002.

[60][英]大卫·皮尔斯. 绿色经济的蓝图——衡量可持续发展. 李巍等译. 北京：北京师范大学出版社，1996.

[61][英]克莱夫·庞廷. 绿色世界史——环境与伟大文明的衰落. 王毅等译. 上海：上海人民出版社，2002.

[62][美]卡洛林·麦茜特. 自然之死——妇女、生态和科学革命. 吴国盛等译. 长春：吉林人民出版社，1999.

[63][英]马尔萨斯. 人口论. 郭大力译. 北京：北京大学出版社，2008.

[64][西]费德里科·马约尔. 不要等到明天. 吕臣重译. 北京：社会科学文献出版社，1993.

[65][美]弗·卡普拉. 转折点. 冯禹等译. 北京：中国人民大学出版社，1989.

[66]郑玉歆. 环境影响的经济分析——理论、方法与实践. 北京：社会科学文献出版社，2003.

二、英文类

[67] Roger W.Findley， etc.Environmental Law in A Nutshell， 2nd Ed.West Publishing Co.U.S.A.1998.

[68] B.Commoner.Rapid Population Growth and Environment Stress.Proceeding of Limited Nations.N.Y. Taylor and Francis, 1991.

[69] Sterner， T.ed.Economic Policies for Sustainable Development， Kluwer Academic Publisher， Netherlands， 1994.

[70] The Report of the National Commission on the Environment， Choosing a Sustainable Future， Island Press， Washington， D.C.1993.

[71] Mark Rowlands， The Environmental Crisis–Understanding the Value of Nature， First Published in the USA， 2000by ST.

[72] C.Belshaw， Environmental Philosophy–Reason， Nature and Human Concern， Bucks ， First Published by Acumen in 2001.

[73] Matutinovic： "Worldviews， Institutions and sustainability： An Introduction to a Co–evolutionary Perspective" .International Journal of Sustainable Development and World Ecol-

ogy. Vol.14, No.1, 2007.

[74] Peter S.Wenz, Environmental Ethics Today, Published by Oxford University Press, Inc.Oxpord, New York 2001.

[75] John Benson: Environmental Ethics, Routleedge, London.2000.

[76] Paul Burkett.Marx's reproduction schemes and the envi-ronment. Ecological Economics .Volume 49. Issue 4.1 August 2004.457−467.

后　记

　　"一个更好的制度不会随着经济社会发展'自动'降临，观念的变化是必要环节"。①生态文明制度的建成同样需要相应的生态文明观念，伦理基础与伦理规制是本书为二者作用提供的中介，或者更准确地说，是依据。以伦理来规制制度才能使观念符合伦理要求，在伦理基础上提炼观念才能使制度具有伦理内核。

　　本书是作者近三年研究成果的总结，基于博士期间对于马克思生态伦理思想研究的理论基础，从中国建设生态文明的实践出发，对观念问题进行了学术研究。最初的成书计划中最后一章将提出"观念指导下制度建构"的建议，但是由于没有相应生态与实证分析而未能体现。未来研究将重点关注到"生态案例的伦理学分析"，使自己的研究从经典理论研究到实践理性分析，并提升到现实与学理的融合分析与实践指导上来。具体说来，就是开展中国改革开放40年来经典生态案例的伦理学研究。当前中国生态文明建设迫切需要以马克思主义为指导，对以往生态实践进行经验总结与伦理提升。"环境保护不仅取决

---

　　① 刘瑜:《观念的水位》自序,江苏文艺出版社,2014年版。

于环境伦理学的智慧，更取决于政治学的洞见和社会制度的完美"。①
通过伦理学分析为制度建构提供智慧支持将是作者后续研究的目标。
其价值体现在以下方面：一是从理论的应用研究向伦理实践研究转化，
有利于完善当代中国环境伦理学研究的内容；二是超越以往以理说事
的传统案例研究方法，使案例研究与实证分析相结合，扩展案例研究
的外延；三是将伦理经验和道德事实作为实证研究的对象，为伦理学
研究的实践转向提供方法论工具，力图拓展实证研究的内涵；四是为
生态文明建设提供来自实践总结的伦理建议和伦理价值支撑。

　　本书完成过程中得到我的前辈和同事的大力支持，出版社的武静
老师、张书剑老师、周小龙老师扎实有效的工作促成了本书的出版，
在此一并表达衷心的敬意和谢意！

　　由于本人研究能力与写作水平的局限，书中难免出现不妥甚至错
误之处，恳请同行专家及读者朋友批评指正。

杨　珺

2018 新年于文湃苑

---

① 杨通进：《当代西方环境伦理学》，科学出版社，2017 年版，第 242 页。